我的动物朋友

徐帮学⊙编著

荒原生命的奇迹

★ ★ ★ ★ ★

体验自然，探索世界，关爱生命——我们要与那些野生的动物交流，用我们的语言、行动、爱心去关怀理解并尊重它们。

延边大学出版社

图书在版编目（CIP）数据

荒原生命的奇迹 / 徐帮学编著 . —延吉 : 延边大学出版社 , 2013 . 4（2021 . 8 重印）
（我的动物朋友）
ISBN 978-7-5634-5562-1

Ⅰ . ①荒⋯　　Ⅱ . ①徐⋯　　Ⅲ . ①动物—青年读物 ②动物—少年读物　　Ⅳ . ① Q95-49

中国版本图书馆 CIP 数据核字 (2013) 第 088674 号

荒原生命的奇迹

编著：徐帮学

责任编辑：李宗勋

封面设计：映像视觉

出版发行：延边大学出版社

社址：吉林省延吉市公园路 977 号　邮编：133002

电话：0433-2732435　传真：0433-2732434

网址：http://www.ydcbs.com

印刷：三河市祥达印刷包装有限公司

开本：16K　165×230

印张：12 印张

字数：120 千字

版次：2013 年 4 月第 1 版

印次：2021 年 8 月第 3 次印刷

书号：ISBN 978-7-5634-5562-1

定价：36.00 元

前 言

　　人类生活的蓝色家园是生机盎然、充满活力的。在地球上，除了最高级的灵长类——人类以外，还有许许多多的动物伙伴。它们当中有的庞大、有的弱小，有的凶猛、有的友善，有的奔跑如飞、有的缓慢蠕动，有的展翅翱翔、有的自由游弋……它们的足迹遍布地球上所有的大陆和海洋。和人类一样，它们面对着适者生存的残酷，也享受着七彩生活的美好，它们都在以自己独特的方式演绎着生命的传奇。

　　在动物界，人们经常用"朝生暮死"的蜉蝣来比喻生命的短暂与易逝。因此，野生动物从不"迷惘"，也不会"抱怨"，只会按照自然的安排去走完自己的生命历程，它们的终极目标只有一个——使自己的基因更好地传承下去。在这一目标的推动下，动物们充分利用了自己的"天赋异禀"，并逐步进化成了异彩纷呈的生命特质。由此，我们才能看到那令人叹为观止的各种"武器"、本领、习性、繁殖策略等。

　　例如，为了保住性命，很多种蜥蜴不惜"丢车保帅"，进化出了断尾逃生的绝技；杜鹃既不孵卵也不育雏，而采用"偷梁换柱"之计，将卵产在画眉、莺等的巢中，让这些无辜的鸟儿白费心血养育异类；有一种鱼叫七鳃鳗，长大后便用尖利的牙齿和强有力的吸盘吸附在其他大鱼身上，靠摄取寄主的血液完成从变形到产卵的全过程；非洲和中南美洲的行军蚁能结成多达1000万只的庞大群体，靠集体的力量横扫一切……由此说来，所谓的狼的"阴险"、毒蛇的恐怖、鲨鱼的"凶残"，乃至老鼠令人头疼的高繁殖率、蚊子令人讨厌的吸血性等，都只是自然赋予它们的一种独特适应性而已，都是它们的生存之道。人是智慧而强有力的动物，但也只是自然界的一份子，我们应该用平等的眼光去看待自然界中的一切生灵，而不应时刻把自己当成所谓的万物的主宰。

人和动物天生就是好朋友，人类对其他生命形式的亲近感是一种与生俱来的天性，只不过许多人的这种亲近感被现实生活逐渐磨蚀或掩盖掉了。但也有越来越多的人，在现实生活的压力和纷扰下，渐渐觉得从动物身上更能寻求到心灵的慰藉乃至生命的意义。狗的忠诚、猫的温顺会令他们快乐并身心放松；而野生动物身上所散发出的野性特质及不可思议的本能，则令他们着迷甚至肃然起敬。

衷心希望本书的出版能让越来越多的人更了解动物，更尊重生命，继而去充分体味人与自然和谐相处的奇妙感受。并唤起读者保护动物的意识，积极地与危害野生动物的行为作斗争，保护人类和野生动物赖以生存的地球，为野生动物保留一个自由自在的家园。

编　者

2012.9

荒原生命的奇迹

目 录

第三章　沙漠肉食和杂食哺乳动物

第一章

走进沙漠

在地球的陆地上，有 1/3 是沙漠。沙漠是指沙质荒漠，这里气候干燥、少雨、植被稀少，有"荒沙"之称。沙漠中的生命虽然不如其他地方多，但还是有着相当丰富的种类的，尤其是那些昼伏夜出的动物。近代，也有地质学家在沙漠中发现了很多石油储藏。除此之外，气候干燥的沙漠也是考古学家的乐园。

荒漠地区

　　转动一下地球仪，你可以看到陆地上大概有1/3的地方是黄色的，这些黄色的地方就是荒漠地区。荒漠地区气候干燥、少雨、植被稀少。荒漠对人类的生活危害极大。随着荒漠的不断扩大，它也越来越被人类关注了。

　　荒漠是指降雨量非常少的地区或自然景观，年平均降雨量低于250毫米，或蒸散量大于降雨量的地区。如流沙、泥滩、戈壁分布的地区，气候干燥、降水极少、蒸发强烈、植被缺乏、风力作用很强。

　　全世界陆地面积为1.49亿平方千米，占地球总面积的29％，其中约1/3（4800万千方千米）是干旱、半干旱的荒漠地区，而且每年以6万平方千米的

速度扩大着。而沙漠面积已占陆地总面积的10%，还有43%的土地正面临沙漠化的威胁。

 ·**小·贴士**

> 荒漠环境不单单只是戈壁和沙漠两种形式，还有一种较特殊的山地荒漠，主要包括我国青藏高原的高原荒漠，天山山脉向平原延伸的山地丘陵地带，伊朗高原和葱岭地区等。

荒漠中水的运转极为重要，直接决定物质和能量的积累、转化过程。荒漠中的水主要来源是大气降水，以雨、雪或雾的形式落在地面，渗入土壤。当土壤为壤土或黏土时，有明显的地面径流，水会流向低地或附近的河、湖内。而在沙土、沙、砾质土壤上几乎没有地面径流。

在荒漠中，绿色植物是生产者，昆虫和草食动物是初级消费者。食虫动物，特别是鸟类、蜥蜴类及少量食虫哺乳动物则以昆虫为食物，这些是主要的次级消费者。大部分荒漠中缺少大型肉食动物。

荒漠带的地貌作用营力主要有风化作用、重力作用、流水作用和风力作用四类。地貌的成因类型有岛状山、剥蚀平原、剥蚀台地、干荒盆和干浅盆、洪积扇和洪积平原、龟裂土平原、盐土平原、盐湖、风蚀平原、风积平原等。

按照地表组成物质可分为：沙漠、岩漠（又称戈壁）、泥漠、盐漠等。还有类型比较特殊的寒漠和水漠。在高山上部和高纬度亚极地带，因低温所引起极度干燥而形成的植被贫乏地区，为荒漠的特殊类型。

什么是沙漠

　　骄阳似火，漫天黄沙，还有滚动的沙丘，这些也许就是我们对沙漠的印象。干燥而荒凉的沙漠像是个生命的禁区，这只是我们所了解的一种沙漠。沙漠的类型有好几种，很多沙漠里也是有水和生命存在的。

　　沙漠（亦作砂漠）是指沙质荒漠。因为水很少，一般以为沙漠荒凉无生命，有"荒沙"之称。沙漠地域大多是沙滩或沙丘，沙下岩石也经常出现。泥土很稀薄，植物也很少。有些沙漠是盐滩，完全没有草木。沙漠一般是风成地貌。

　　沙漠一般按照每年降雨量天数、降雨量总额、温度、湿度来分类。干燥地区可分为三类：特干地区是完全没有植物的地带；干燥地区是指季节性地长草，但不生长树木的地带；半干地区是可生长草和低矮树木的地带。特干和干燥区称为沙漠，半干区命名为干草原。

 小·贴士

　　世界上最大的石油储藏大多在沙漠地带，但是这些储藏并非因为干燥气候而成。在这些地区成为沙漠之前，它们是浅海，石油为海底植物形成。

　　干燥的沙漠偶尔也会下雨，常常是暴风雨。平常干的河道会很快充满水，容易发洪水。虽然沙漠内部降水少，但附近高山的河流会流进沙漠。这些河流在沙漠里流上一两天的距离就干了。世界上只有几条大河流经沙漠，如埃及的尼罗河，中国的黄河。

　　美国的亚利桑那州生长着很多的仙人掌，特别是巨大的树形仙人掌，因此在1994年成立了树形仙人掌国家公园，园中有1000多种来自世界各地不同的仙人掌。十多米高的仙人掌可谓是沙漠里的巨人了。

　　地质学家发现地球的气候变化很大。1.8万年前，大约北纬30°到南纬30°之间10%的陆地沙漠广布。1.25万年前，这个区域的50%成为沙漠。现在，雨林主要分布在这个区域。很多地方发现沙漠沉积的化石，最老的达到5亿年，如喀拉哈里沙漠就是一个古代沙漠。

沙漠的形成

　　沙漠的形成有很多因素，可分为自然与社会两方面。自然因素主要有气候、地质、地貌，其中气候是主要的因素。社会因素主要是人为活动破坏草原和森林植被导致的沙漠化，目前，由于人类活动导致沙漠化面积越来越大。

　　极端干旱的沙漠气候，跨越纬度大，不同区域气温差别很大。根据所处纬度的不同，可分为低纬度沙漠和中纬度沙漠。低纬度沙漠也称热沙漠，分布在南北回归线附近的亚热带高压区内，中纬度沙漠也叫冷沙漠，分布在温带大陆内部。

小·贴士

塔克拉玛干沙漠是世界上大型沙漠俱乐部成员之一，从面积上来看，它在众多非极地沙漠中居第15位。它位于塔里木盆地，沙漠覆盖面积为27万平方千米。塔克拉玛干沙漠的北缘和南缘都有丝绸之路的支线穿过。

气流受到高大山脉的阻挡，形成局部地区气流下沉，造成雨影效应，在山脉的背风坡形成雨影沙漠。地球上有好几个沙漠都属于这一类型，例如，在南美洲的安第斯山以西、智利北部总是存在着连续不断的下沉气流，形成了著名的阿塔卡马沙漠。

强劲的风力在沙源区挟带来大量的沙子，当风力减弱时，所挟带的沙子落下，天长日久便形成沙丘或沙滩，沙层厚度从数米到近百米。所以，强风是形成沙漠的重要因素之一，可以说是沙漠的"搬运工"。

由于人类砍伐森林、过度放牧、耕作等，植被破坏严重，导致水土流失，气候变坏。没有了植被固定土壤，强风吹走了土壤，带来了沙子。长此下去，逐渐形成了贫瘠荒凉的沙漠。目前，世界上人为导致沙漠化的面积越来越大。

沙漠中的气候

沙漠气候类型可分热带沙漠气候、亚热带沙漠气候和温带沙漠气候。气候是沙漠形成的主要原因，所以，对沙漠气候的探索是非常重要的。

酷热是沙漠的杰作，有时候沙漠的最高气温可超过50℃，地面温度则更高。在烈日当空时埋一个生鸡蛋在沙子里，用不了多久就可以吃到香喷喷的熟鸡蛋了。

世界上最热的地方在撒哈拉沙漠，作为世界上最大的沙漠，撒哈拉的热带沙漠气候也是最典型的。现在就让我们去了解酷热难耐的热带沙漠气候。

 小·贴士

- -

作为世界上最古老的沙漠，纳米比沙漠地区有很多动物和植物的化石。多少年来，纳米比沙漠像磁石一样吸引着地质学家们，然而直到今天，人们对它依然知之甚少。

- -

热带沙漠气候，即"热带干旱气候"，一般分布在南北回归线附近的大陆内部或大陆西岸，如非洲北部、非洲西部、澳大利亚中西部等地。热带沙漠气候的特点为：年平均气温高，降水少，降水量只有数十毫米甚至全年无雨。在这种恶劣的气候下，只有那些耐干旱的矮小植物和具有特殊生存能力的动物才能存活。

沙漠气候的特点

具体来说，热带沙漠气候具有以下特征：

第一，年降水量少而变率大。例如：位于北非撒哈拉沙漠中的亚斯文，曾经连续多年无雨；而在南美智利北部沙漠的阿里卡降水量也极少，曾连续17年仅下过3次阵雨，总量仅5.1毫米。同样，位于智利北部的伊基圭沙漠曾连续4年无雨，但第5年却一次性降了150毫米的雨水，据记载，这里还降过一次水量为635毫米的阵雨。

第二，气温高、温差大。由于沙漠云量少、日照强，又因为沙漠缺乏植被覆盖，沙土比热容小，因此白天气温上升极快。北非的沙漠夏天的月均温

度大都在30℃ ~ 35℃之间，也曾有气温高达58℃的记录。此外，沙漠里的高温一般持续很长时间，如阿拉伯半岛的亚丁沙漠一年有5个月的月均温度都在30℃之上。由于沙漠整夜无云，再加上砂石的比热容小，散热快，所以沙漠的夜间一般比较凉快，夜间最低温度一般在7℃ ~ 12℃之间，虽然比较罕见，但是也有出现薄霜的日子。热带沙漠的年温差一般在10℃ ~ 20℃左右，日温差则一般在15℃ ~ 30℃之间。

 小贴士

南极洲是世界上最干燥的地方，同时也是最"湿润"的，说它湿润并不是因为其降雨量大，而是因为它98%的面积都被冰雪覆盖。南极洲每年的降雨量不足5厘米，因此它也可以称得上是"沙漠"。

第三，蒸发强、相对湿度小。热带沙漠气候的蒸发力非常旺盛，其蒸发量约为降水量的20倍以上，甚至达100倍。热带沙漠气候的空气中的相对湿度很小，常出现2%左右的相对湿度。

第四，植物数量和种类少。热带沙漠气候地带由于降水稀少，所以绿洲较少，只有零星的耐干旱植物如仙人掌等。

沙漠奇观

随着时间的日积月累，在自然风化以及各种外力的作用下，沙漠中也形成了一些奇特壮丽的自然景观，现介绍如下：

1. 内蒙古达拉特奇"响沙湾"

响沙湾的沙鸣被誉为是一个奇迹，也是千百年来的谜团，被赋予许多美丽的传说，或是一座规模宏大的喇嘛庙被沙石覆盖，或两军厮杀时被金沙掩埋……但更令人叹为观止的仍是这里云天一线的壮丽景色。

响沙湾在蒙语中被称为"布热芒哈"，意思是"带喇叭的沙丘"。它坐落在内蒙古达拉特旗境内，库布齐沙漠东端，北距草原钢城50千米，高大的沙丘呈月牙形状约有80多米高，横亘数千米，像金黄色的卧龙盘旋。

银肯响沙（即响沙湾）居中国各响沙之首，被称为"响沙之王"。响沙湾沙高110米，宽400米。银肯是蒙语，汉语意思是"永久"，银肯响沙陡立于罕台河谷西岸，有清泉从坡底涌出。

响沙湾的沙漠面积约有1.6万平方千米，沙坡斜度约50°，其上没有任何的植被覆盖，从沙丘的顶部向下滑会响起"嗡嗡"之声。依着滚滚沙丘，面临大川，地形呈月牙形分布，背风向阳坡成45°倾斜，形成一个巨大的沙丘回音壁。关于鸣沙的原因，众说纷纭。近年来有学者提出了"地形说""共鸣箱原理""静电学说"来揭示它的成因；还有人认为，响沙湾沙丘之中的含金量较大，因此发出响声；也有人认为沙漠表面的沙子细且干燥是沙鸣的原因。然而，没有哪种解释能将响沙湾的谜团彻底解开。

2. 美丽的沙坡头

它是黄河第一入川口，欧亚大通道，古丝绸之路必经之地，南靠山峦叠嶂、巍峨雄奇的祁连山脉，北连沙峰林立、绵延无边的腾格里沙漠，中间穿越着一泻千里、奔腾而下的黄河，这便是集神奇与美丽为一体的沙坡头。

沙坡头旅游区位于宁夏中卫市城区以西20千米腾格里沙漠东南的边缘处。这里集大漠、黄河、高山、绿洲为一处，既具西北风光之雄奇，又兼江南景色之秀美。自然景观独特，人文景观丰厚，被旅游界专家誉为世界垄断性旅游资源。

《中国国家地理》推出"中国最美的地方"，宁夏沙坡头入选。因为这里风景秀美、地势奇特，2005年10月被最具权威的《中国国家地理》杂志社组织国家十几位院士和近百位专家组成的评审团评为"中国最美的五大沙漠"之一；因为这里娱乐项目较多，在2004年10月被中国电视艺术家协会旅游电视委员会、全国电视旅游节目协作会、中央电视台评为"中国十大最好玩的地方"之一。

3. 绚丽的沙漠玫瑰石

茫茫沙漠，风情万千、妩媚迷人，除了展现它独特的浩瀚的魅力外，还有许多人类不可比拟的天工之作，沙漠玫瑰石就是大自然鬼斧神工的杰作。

　　沙漠玫瑰石的成分主要是石灰石，石灰石的成分为含水硫酸钙。若由多片板状结晶交叉成群玫瑰状、发生在沙漠地区的土壤里，就俗称"沙漠玫瑰"。燕尾双晶复方晶体结构，由于它的形状酷似玫瑰而得名"沙漠玫瑰"。

　　沙漠玫瑰石又称"戈壁石""风雕石""风砺石"，主要产于浩瀚戈壁。一般诞生于干涸的河床间槽中，多是火山岩浆冷却后经长期的日晒风蚀和自然变迁形成的，有的是由石英沙经历千万年的沉积凝结而成，因为特殊的地质条件、气候条件和物质基础，所以产量稀少。沙漠玫瑰石千姿百态、瑰丽神奇，其中有些花形酷似玫瑰，但完全展现花卉特征的沙漠玫瑰石更是寥寥无几。沙漠玫瑰石的形成是历史的见证，不但可以终生珍藏，更可以将它流传后人。沙漠玫瑰可以展现唯美情怀，熏陶人对美的鉴赏力，促进联想力、想象力，有益于艺术创造，亦可当成少年男女互表钟情、传达爱意的礼物。

　　沙漠玫瑰石是诞生于沙漠中的石膏类晶体，是细沙经几千年风雨雕塑、风化而成的杰作。该石形状奇特万千，产量稀少，很受中外奇石爱好者的青睐。在天然奇石市场上占有特殊地位，具有极其珍贵的研究和收藏价值。

　　沙漠玫瑰石按其生长形态可分单体、联体、枝状、丛状。单体直径一般在1.5 ～ 10厘米，联体在10 ～ 50厘米或更大。它是天然石头中的珍品，主要出产于美国、墨西哥、摩洛哥等国的沙漠地带，在我国境内的内蒙古也有生产。

沙漠气候形成的原因

热带沙漠气候的形成受以下因素影响：

第一，受副热带高压带控制。副热带高压的形成是由于赤道上空的空气在副热带上空聚积，产生下沉气流，致使低空气压增高，属暖性高压。由于该地区盛行下沉气流，所以副热带地区天气一般都是晴朗干旱。

第二，受干燥信风带的控制。信风是从副热带高气压带吹向赤道低气压带的定向风。由于地球的自转使得南北半球的风向发生不同程度的偏转，在北半球向右偏，成为东北信风；在南半球向左偏，成为东南信风。由于北半球的副热带地区的大陆西岸处于东北信风的背风面，大陆东岸处于东北信风的迎风面；同样，南半球的副热带地区的大陆西岸处于东南信风的背风面，大陆东岸处于东南信风的迎风面。所以，南、北半球副热带地区大陆西岸降水稀少，气候干燥，易形成荒漠；而大陆东岸降水较多，不会形成荒漠。

小·贴士

热带沙漠气候因为经常无云、风大、日照强、气温高、相对湿度小，因此蒸发力非常旺盛。可能蒸发散量约为降水量的20倍以上，甚至达百倍。空气中的相对湿度很小，在埃及撒哈拉沙漠常出现2%左右的相对湿度。

　　第三，受寒流的影响。洋流对气候的影响很大，洋流有寒流和暖流之分，寒流对所流经地区有降温减湿的作用；暖流对所流经地区有增温增湿的作用。由于在副热带地区的大陆的西岸受寒流影响，故降水稀少；大陆东岸受暖流影响，故降水较多。

亚热带沙漠气候

　　亚热带沙漠气候属于由热带沙漠气候向其他气候的过渡类型，亚热带沙漠气候基本特点与热带沙漠气候相似，也是全年干旱少雨、夏季高温炎热，但因纬度稍高，冬季气温比热带沙漠气候低。

　　亚热带沙漠气候位于热带沙漠气候的高纬度一侧，约在纬度25°～35°之间的大陆西岸和内陆地区，主要分布在亚热带大陆的内部，包括西亚的伊朗高原和安纳托利高原、美国西部的内陆高原以及南美的格兰查科等地。

小·贴士

自古以来，撒哈拉这个枯寂的大自然，便拒绝人们生存于其中。 风声、沙动，支配着这个壮观的世界，风的侵蚀，沙粒的堆积，造成了这个极干燥的地表。在这片广大的地域，绿洲的出现，往往是沙漠旅行者最渴望的乐园。

热带沙漠气候向高纬度的延伸就是所谓的亚热带沙漠气候。亚热带沙漠气候与热带沙漠气候的共同点是：少雨、少云、日照强、气温高、蒸发旺盛。亚热带沙漠气候与热带沙漠气候的不同点是：亚热带沙漠气候的凉季气温较低，年较差比热带沙漠气候大。

极端干旱的温带沙漠气候

新疆塔克拉玛干沙漠属于温带沙漠气候，"早穿棉，午穿纱，抱着火炉吃西瓜"是新疆塔克拉玛干沙漠地区的真实写照。

温带沙漠主要分布在南北回归线附近的副热带高压控制地区，地处南北纬15°～35°之间的信风带。如中亚的卡拉库姆和克齐尔库沙漠、蒙古的大戈壁、美国西部的大沙漠以及中国的塔克拉玛干沙漠等。温带沙漠地区的自然景观多为荒漠，自然植物只有少量的沙生植物。

温带沙漠气候的特点是极端干旱，降雨稀少，年平均降水量约为200~300毫米，有的地方甚至常年无雨。温带沙漠的气温年较差比较大，日较差也较大。温带沙漠的夏季十分炎热，白天最高气温可达50℃左右；冬季寒冷，最冷月平均气温在0℃以下。

小·贴士

温带沙漠地表裸露，空气十分干燥，极少水分。白天太阳辐射强，地面加热迅速，气温可高达60℃～70℃。上升气流强，但因空气干燥，极少成云致雨，只有狂风沙尘。夜间地面，冷却极强，甚至可以降到0℃以下。由此，气温日变化非常大，可以高达50℃以上。

在温带沙漠地区经常只听见雷声，却不见雨点。这是因为，从天空降落的雨滴要经过温带沙漠上空厚厚的干燥的大气层，但温带沙漠地区的空气太干燥了，雨滴还没有落到地面，在半空中就被蒸发了，气象学里称这种情况为"雨幡"。

　　不过，由于沙漠中地表温度高，空气的对流十分剧烈，因此有时可以在云中生成一种极大的雨滴。这些雨滴大的足够穿过干燥的大气层，降落到地面。但是这种雨滴很稀，人甚至可以在雨滴之间穿行而不湿衣。

沙漠分布

　　沙漠生存环境极其残酷，被称为"生命的禁区"。在美洲、非洲、亚洲都有大片的沙漠。我国也有大面积的沙漠分布，不断扩大的沙漠对人类生活构成了严重的威胁。

　　沙漠广泛地分布在地球上，主要分布在亚洲、非洲、美洲、大洋洲，气候类型属于热带沙漠气候和温带沙漠气候。著名的沙漠有：美洲智利的阿塔卡马沙漠，非洲的撒哈拉沙漠及亚洲位于中国境内的塔克拉玛干沙漠。

　　非洲是沙漠面积最大的洲，沙漠面积约占非洲的1/3。主要沙漠包括非洲南部的喀拉哈里沙漠，非洲北部的撒哈拉大沙漠，及非洲西南部的纳米比沙漠，其中，撒哈拉沙漠是世界上最大的沙漠。

小·贴士

- -

　　到埃及法拉法拉绿洲旅游，绝对不能错过的一大景观就是"白色沙漠"。沙漠位于法拉法拉以北45千米处。这里的沙子呈奶油一样的雪白色，和周围的黄色沙漠形成鲜明的对比。

- -

　　阿塔卡马沙漠是南美洲西海岸中部的沙漠地区，在安第斯山脉和太平洋之间，主体位于智利境内，也有部分位于秘鲁、玻利维亚和阿根廷。索诺兰沙漠是北美洲的一个沙漠，位于美国和墨西哥交界，它是北美地区最大和最热的沙漠之一。

　　我国沙漠95.37%集中分布在新疆、内蒙古、青海和甘肃四省区，并且呈大面积连片分布。沙漠、沙地占总土地面积的比例最高的是内蒙古地区，达43.287%，其次为新疆，达31.727%，青海、宁夏和甘肃都在15%左右。

世界著名沙漠

世界上著名的沙漠主要有：

1.塔克拉玛干沙漠

塔克拉玛干沙漠在一开始被称为"莫贺延迹"，被认为是中国面积最大的沙漠，总面积为30万平方千米，其中流沙便占总面积的85％，是世界第二流动性沙漠。这里的地势高低不平，昼夜的温差是极大的。塔克拉玛干在维吾尔语里的意思是"进去出不来的地方"。在这片有待开垦的土地上，有以胡杨

林为主的原始森林、各种各样的沙漠植物和种类繁多的野生动物。

塔克拉玛干沙漠形成于何时，科学界至今仍然众说纷纭。虽然有学者曾经根据沉积地层中埋藏的古风砂进行了研究，但是由于风成砂在地层中的保存是极其困难的，即使发现有零星的露头，也很难据此判断古沙漠形成的时间、规模、形态和古环境状况。白天，塔克拉玛干赤日炎炎，沙面温度甚至高达70℃～80℃。在这样炎热的气候之下，旺盛的蒸发，使地表景物飘忽不定，沙漠旅人常常会看到远方出现朦朦胧胧的"海市蜃楼"。在沙漠的四周，沿叶尔羌河、塔里木河、和田河和车尔臣河两岸，生长着极其茂盛的胡杨林和怪柳灌木，形成"沙海绿岛"。沙层下的地下水资源和石油等矿藏资源是极为丰富的。

在这里，河床遗迹几乎随处可见，湖泊残余则见于部分地区（如沙漠的东部等）。沙漠之下的原始地面是古代河流冲积扇和三角洲所组成的冲积平原和冲积湖积平原。北部大体为塔里木河冲积平原，西部为喀什噶尔河及叶尔羌河三角洲冲积扇，南部为源出昆仑山北坡诸河的冲积扇三角洲，东部为塔里木河、孔雀河三角洲及罗布泊湖积平原。这些沉积物都是以不同粒径组成的沙子为主，沙漠南缘厚度超过150米。在沙漠2～4米、最深不超过10米的地下，其地下水资源是十分丰富的。

塔克拉玛干沙漠除局部还没有被沙丘覆盖外，其余均为形态复杂的沙丘所占。塔克拉玛干沙漠流动沙丘的面积是十分惊人的，沙丘高度一般在100～200米，最高甚至可达300米左右。沙丘类型复杂多样，复合型沙山和沙垄，犹如在大地上蜿蜒盘旋的条条巨龙；塔型沙丘群，呈各种蜂窝状、羽毛状、鱼鳞状，沙丘形状变化多端。

塔克拉玛干沙漠有两座被称为"圣墓山"的高大沙丘。它是分别由红砂岩和白石膏组成，由沉积岩露出地面后形成的。"圣墓山"上的风蚀蘑菇，造型奇特，十分壮观，高约5米，巨大的盖下可容纳10余人。沙漠东部主要由延伸很长的巨大复合型沙丘链所组成，一般长5～15千米，宽度一般在1～2千米。沙丘的落沙坡高大陡峭，迎风坡上覆盖有次一级的沙丘链。丘间地宽度为1～3千米，延伸很长，但常常被一些与之相垂直的低矮沙丘所分割，

形成长条形闭塞洼地，有沮洳地和湖泊等在其间交错分布。沙漠东北部湖泊分布较多，但往沙漠中心则越来越少，而且大多数已经干涸。沙漠中心东经82°～85°间和沙漠西南部主要分布着复合型的纵向沙垄，延伸长度一般为10～20千米，最长可达45千米。

世界上最大的原始胡杨林在我国最长的内陆河塔里木河河畔。全世界胡杨林有10％在中国，而中国的胡杨林有90％在塔里木河畔。1.35亿年以前，胡杨林就出现了，被称为"第三纪活化石"，是世界上最古老的一种杨树。正因为它的古老和原始，其历史价值是任何树种都难以与之相提并论的。胡杨树以自己的强大生命力，赢得了所有人的敬仰。

2.卡拉库姆大沙漠

卡拉库姆沙漠的突厥语意为"黑沙漠"是世界第四大沙漠，位于中亚地区里海东岸的土库曼斯坦境内，面积35万平方千米。属温带大陆性干旱气候，年降水量不足200毫米，可能蒸发量为降水量的3~6倍。

卡拉库姆沙漠位于土库曼斯坦首都阿什哈巴德，其大部分为固定垄岗沙地，沙垄高度3~60米，很少一部分为丘状沙地。土库曼斯坦是一个自然环境严峻，80%的土地被沙漠所占的地方。卡拉库姆大沙漠在这个国家的中部并一直延伸到哈萨克斯坦境内，发源于阿富汗高山的阿姆达里亚河流经土库曼东部的一段约1000千米，由于干旱缺水，1954年开始动工兴建的卡拉库姆大运河，把阿姆达里亚河水沿着卡拉库姆沙漠边缘地带引向首都阿什哈巴德和里海岸边，这条大运河对土库曼斯坦农业和畜牧业的发展、石油和天然气的开采以及居民生活用水的改善都具有重大作用。

卡拉库姆沙漠的年降水量不足200毫米。河流、湖泊稀少。沿阿姆河、捷詹河、穆尔加布河等有绿洲。大部地区可供放牧。有硫黄、石油、天然气等矿藏。南部建有卡拉库姆运河，北同萨雷卡梅什盆地接壤，东北部和东部以阿姆河（奥克苏斯河）河谷为界，东南与卡拉比尔高地及巴德希兹干旱草原地区相连。在南部和西南部，沙漠沿科佩特山麓绵延，而在西部与西北部则以乌兹博伊河古河谷水道为界。沙漠被分为3个部分：北部隆起的外温古兹卡拉库姆；低洼的中卡拉库姆；以及东南卡拉库姆，其上分布着一系列盐沼。在外温古兹卡拉库姆和中卡拉库姆交界之处，有一系列含盐的、孤立的、由风形成的温古兹凹地。

卡拉库姆沙漠的地形较为鲜明，很好地反映了其起源和地质发展。外温古兹卡拉库姆的表面受到暴风侵蚀。中卡拉库姆平原从阿姆河延伸到里海，呈与河流走向同一的斜面。由风聚集起来的有些过高的沙垄的高度在75~90米之间，依年龄和风速而异。略少于10%的地区由新月形沙丘组成，其中一些高9米或更高。沙丘间有许多凹地，为厚达9米的沉积黏土层所覆盖，在降水时可以当做汇水的盆地。如果在这些汇满水的盆地中种植甜瓜和葡萄一类的水果，才可能会有一定的收获。

在咸海附近哈萨克境内的另一个小一些的沙漠，被称为咸海卡拉库姆沙漠。据考察，卡拉库姆沙漠的沙子是由当地的黑色岩层经常年风化而成的。

卡拉库姆大沙漠上的植被十分多样，主要由草、小灌木、灌木和树木组成。土库曼卡拉库姆沙漠的植被在冬季可用作骆驼、绵羊和山羊的饲草。动物为数不多，但其种类众多。昆虫包括蚁、白蚁、蝉、甲虫、拟步甲、螳螂和蜘蛛，还有各种蜥蜴、蛇和龟。啮齿类中有囊鼠和跳鼠。沙漠有硫黄、石油、天然气等矿藏。南部建有卡拉库姆运河。据挪威杂志报道，土库曼斯坦在卡拉库姆沙漠发现了一个新的巨型凝析气田。

卡拉库姆沙漠人口稀少，平均6.5平方千米/人，并且主要由土库曼人组成，其中一些部落的特征被保留下来。卡拉库姆沙漠的居民自古从事游牧，并在里海沿岸及阿姆河捕鱼；但在现代，几乎所有的人都在集体和国有农场定居，并发展了拥有瓦斯和电的永久城镇。畜牧队照管牲畜。石油、瓦斯和其他工业的发展，导致多种民族聚居的新住宅区的出现。

现代灌溉使得沙漠适于大规模畜牧，特别是卡拉库尔羊的畜牧。卡拉库姆运河从阿姆河流往里海低地，将水引到卡拉库姆沙漠东南部、中卡拉库姆沙漠南界及科佩特山麓地带。绿洲地区种植细纤维棉花、饲料作物和各种蔬菜水果，一大片牧区有了饮水点。第二次世界大战后的经济集中发展给卡拉库姆沙漠带来一场工业革命。工厂、石油和煤气管线、铁路、公路以及火力发电站和水力发电站，已经改变了这一地区的面貌。一些自然资源也已得到开发，其中包括硫、矿盐和建材。

据土库曼斯坦铁道部消息，长达540千米的阿什哈巴德—达绍古兹铁路（跨卡拉库姆沙漠铁路）已经建成，这使得首都阿什哈巴德市至北部重镇塔沙乌兹市的路途缩短了700千米。这条铁路于2006年2月8日在440千米处实现了南北对接，正式开通仪式于2006年3月举行。在这条铁路上建成了3座桥梁、8个火车站、9个会让站和几十座工程设施。土库曼斯坦总统尼亚佐夫在致建设者的信中指出：国家独立后已经建成的还有捷詹—谢拉赫斯—梅什赫德铁路和土库曼纳巴德—阿塔穆拉特铁路；新建成的阿什哈巴德—卡拉库姆—达绍古兹铁路具有国际意义，将成为外高加索、亚洲及远东国家向波斯湾沿岸国家运输货物的过境运输走廊；国家对铁路建设的投资很大，购买了新的内燃机车和车厢，用现代高新技术设备替代了老化设备；近期内，国家还将依靠自己的力量建设新的铁路线。被誉为南北运输走廊的阿什哈巴德—达绍古兹铁路将成为从欧洲经俄罗斯、阿塞拜疆及伊朗至印度和东南亚国家的铁路大通道的重要环节。

3.克孜勒库姆沙漠

克孜勒库姆沙漠又译作"克孜尔库姆沙漠",突厥语意为"红沙漠",是世界第十一大沙漠。

在中亚锡尔河与阿姆河之间,乌兹别克斯坦、哈萨克斯坦和土库曼斯坦境内有一个红色的沙漠,即是克孜勒库姆沙漠,沙漠主要构成为崩裂的岩屑和沉积红壤的残余物质,故呈红色。克孜勒库姆沙漠主要由平原构成,也有部分低地和丘陵。它的面积约30万平方千米,海拔53~300米,由东南向西北倾斜。沙垄广布,一般高度3~30米,最高可达75米,有新月形沙丘。境内还有一系列封闭盆地和孤山,海拔高达922米。西北部多龟裂地。多小绿洲,为畜牧业的中心。耕地很少。有穆伦套金矿和加兹利天然气等矿藏。由于克孜勒库姆沙漠地处内陆,属于温带大陆性气候,夏季炎热。年降水量仅为100~200毫米,冬季平均气温10℃,夏季20℃~25℃。

克孜勒库姆沙漠里只能生长沙漠植物，包括肉苁蓉、大犀角、芦荟、秘鲁天伦柱、百岁兰、蒙古沙冬青、生石花、仙人掌、光棍树、罗布麻、胡杨、海星花、红柳等。

生石花又名石头玉，属于番杏科，生石花属（或称石头草属）物种的总称，被喻为"有生命的石头"。因其形态独特、色彩斑斓，成为很受欢迎的观赏植物。原产南非开普省极度干旱少雨的沙漠砾石地带，干季休眠，球体渐次萎缩埋入土中，仅留顶面露出地表而似砂砾。此种"拟态"有防鸟兽吞食的作用。

肉苁蓉，又称地精，是当前世界上濒临灭绝的物种，药用价值极高，素有"沙漠人参"的美誉，是中国所发现的60多种补益中药中品位最高的药物，含有大量氨基酸、胱氨酸、维生素和矿物质珍稀营养滋补成分。但肉苁蓉极其稀有，而中国也只在新疆天池峡谷中才有少量分布，产量极其稀少，当地百姓称为"活黄金"。它与人参、鹿茸一起被列为中国三大补药。肉苁蓉也是古地中海残遗植物，对于研究亚洲中部荒漠植物区系具有一定的科学价值。不过由于被大量采挖，其数量已急剧减少。

海星花是一种多肉植物，原产于南非，其茎粗壮，有棱，上面密生细刺，多丛生，无叶，花冠辐射状，五角星形，暗紫红色，形状就像一个海星，海星花喜欢温暖向阳，极耐干旱。

乌兹别克布哈拉州在1971年辟有自然保护区。保护区面积达10.01万平方千米，准确地点位于土库曼斯坦中北部的达干阿图附近的阿姆河洪泛地。保护区内有大夏马鹿、野猪、野鸡、金雕等。沙漠中的动物包括北部的赛加羚羊与一种最长达1.6米的跨里海沙漠蜥蜴。哈萨克斯坦境内还有兔狲、沙漠猫等稀有动物。沙漠猫是一种小型猫科动物，生活在非洲和亚洲的沙漠中。在饲养的情况下可生活13年。体长大约50厘米，尾长30厘米，成年平均体重大约在2.7千克左右。头部很宽，耳大而尖。体毛呈沙黄色，身上有淡暗色的条纹，有时基本上看不见，在非洲亚种身上最为明显。尾尖的毛是黑色的，脚掌上的长毛防止皮肤被炎热的沙子烫坏。可以在 –5℃ ~52℃ 的温度下生存。

在布哈拉以南40千米处有另一个成立于1977年的自然保护区——叠让，面积为5.145万平方千米，是包括鹅喉羚、普氏野马、波斯野驴和波斑鸨在内的珍稀动物哺育中心。当地的耕地很少，沙漠中以畜牧业为中心，主要牧养绵羊和骆驼（单双峰均有）。沿河流和绿洲有农业定居点，前苏联曾在此为防治土壤次生盐碱化将部分地区改造为富饶的绿洲灌区。

矿藏主要为金、银、铜、铝、铀以及石油和天然气。在东南部的加兹利天然气田和中部建于20世纪70年代的穆伦陶金矿区比较著名。冶炼中心则集中于纳沃伊州境内的纳沃伊、扎拉夫尚与于奇库杜克三个城市。

4.撒哈拉沙漠

250万年前，世界第二大沙漠——撒哈拉沙漠开始形成，其总面积约906.5万平方千米。它位于非洲北部，气候条件相当恶劣，被认为是地球上最不适合生物居住的地方之一。"撒哈拉"是阿拉伯语的音译，其原意即为"沙漠"。

撒哈拉大沙漠是世界上最大、最著名的荒漠，隔红海与另一片巨大的阿拉伯沙漠相邻，它们的面积加起来比中国的面积还要大。撒哈拉大沙漠正好处于回归荒漠带上，是最典型的沙漠气候，环境、气候都十分恶劣，在中心地带有时全年无雨。不仅干旱，夏季还十分酷热，是地球的"热极"，地表的高温可以在很短的时间内将鸡蛋煮熟。撒哈拉大沙漠向南沿红海沿岸到达有"非洲之角"之称的索马里境内，形成了世界上靠近赤道的干旱地区。

总体而言，撒哈拉沙漠植被是极其稀少的，高地、绿洲洼地和干河床四周散布有成片的青草、灌木和树。在含盐洼地发现有盐土植物。在缺水的平原和撒哈拉沙漠的高原有某些耐热耐旱的青草、草本植物、小灌木和树。高地残遗木本植物中重要的有油橄榄、柏和玛树。北部的残遗热带动物群有热带鲇和丽鱼类，均发现于阿尔及利亚的比斯克拉和撒哈拉沙漠中的孤立绿洲；据估计，眼镜蛇和小鳄鱼仍生存于提贝斯提山脉的河流盆地中。哺乳动物种类有沙鼠、跳鼠、开普野兔和荒漠刺猬；柏柏里绵羊和镰刀形角大羚羊、多加斯羚羊、达马鹿和努比亚野驴；安努比斯狒狒、斑鬣

狗、胡狼和沙狐；利比亚白颈鼬和细长的獴。撒哈拉沙漠有超过300种的鸟类，当然也包括不迁徙鸟和候鸟。沿海地带和内地水道吸引了许多种类的水禽和滨鸟。内地的鸟类有鸵鸟、各种攫禽、鹭鹰、珠鸡和努比亚鸨、沙漠雕鹗、仓鹗、沙云雀和灰岩燕以及棕色颈和扇尾的渡鸦。除此之外，蛙、蟾蜍和鳄生活在撒哈拉沙漠的湖池中。沙漠中生活的蜗牛是鸟类和动物的主要食物来源。

撒哈拉沙漠覆盖了毛里塔尼亚、西撒哈拉、阿尔及利亚、利比亚、埃及、苏丹、乍得、尼日尔和马里等国领土，紧挨摩洛哥和突尼斯。几乎占满非洲北部全部，位于阿特拉斯山脉和地中海以南，东西约长4800千米，南北在1300~1900千米之间，总面积约860万平方千米，大约有400万人口在这里生活。西起大西洋海岸，北临阿特拉斯山脉和地中海，南为萨赫勒一个半沙漠干草原的过渡区，东到红海。横贯非洲大陆北部，约占非洲总面积的32%。

撒哈拉沙漠干旱地貌类型多种多样。由石漠（岩漠）、砾漠和沙漠组成。石漠多分布在撒哈拉中部和东部地势较高的地区，主要有大片砂岩、灰岩、白垩和玄武岩构成，或岩石裸露或仅为一薄层岩石碎屑。如廷埃尔特石漠、哈姆拉石漠、莎菲亚石漠等，尼罗河以东的努比亚沙漠主要也是石漠。砾漠多见于石漠与沙漠之间，主要分布在利比亚沙漠的石质地区、阿特拉斯山、库西山等山前冲积扇地带，如提贝斯提砾漠、卡兰舒砾漠、盖图塞砾漠等。沙漠的面积最为广阔，除少数较高的山地、高原外，到处都有大面积分布。

5. 纳米布沙漠

在非洲的西南边缘，大西洋沿岸还有一个世界上最古老的沙漠，那就是纳米比亚沿海的南北向的纳米布沙漠，这个美丽的地方也让无数人心驰神往。

纳米布沙漠是有着8000万年历史的古老沙漠。它北起安哥拉南部的纳米比，向南穿过纳米比亚至奥兰治河。沿非洲西南海岸延伸约1900千米，宽130～160千米，海拔不超过500米，是一片狭长的带状沿海沙漠。

纳米布沙漠是本格拉寒流的杰作。数亿年前，本格拉寒流冲击大西洋海岸，由于温度低，海水不仅不蒸发，还"吸收"了从海中吹来的湿气，经过

上亿年的变迁，干燥的热风将岸上山中的岩石风化为细沙和粉尘，形成了沙漠。纳米布沙漠年平均降雨量只有50毫米，但令人惊叹的是，如此干旱的环境下，却呈现着一片勃勃生机。

纳米布沙漠中部有一条凯塞布河，将整个沙漠分成南北两个部分。南部是一片十分浩瀚的沙海，北部是多岩的砾石平原。纳米布沙漠南部分布了大面积的移动新月形沙丘，移动速度很快，有的每年移动可达450米。有些流动沙丘被河流阻挡，使河流的另一侧呈沙原状，从而使河流北部呈现迥然不同的风沙地貌，这里分布着很多沙嘴和沙滩，还有剥蚀高地和尖顶山。

在当地那马语里，纳米布意为"巨大""辽阔"。只有当你身临其境，你才能真正体会到"纳米布"的含义。周围都是一望无际的沙的海洋，在太阳的照射下，沙粒闪闪发光、金亮耀眼。行程数百里也没有人烟，只是偶尔可见野生动物在漫无目的地游荡。沙丘的形状各有不同，有新月形、笔直状以及星形的沙丘等。

纳米比沙漠最引人注目的地方就是位于沙漠中央的所苏斯莱地区了，这里是一片沙丘群，沙丘的地形高低不一，有些沙丘竟高达300米，最高的达340米，是世界上最高的沙丘。沙丘底下有历时100多万年之久的砾石层。沙丘的颜色由沿岸地区到东部内陆地区逐渐变深，呈现出灰白象牙色、杏黄色、橘黄色、栗色以及深橘红色等五颜六色的色彩。

6.阿塔卡马沙漠

阿塔卡马沙漠在南美洲西海岸中部，在安第斯山脉和太平洋之间，南北绵延约1000千米，从西部沿海到东部山麓宽100多千米，总面积约18万平方千米，是一条沿海的纵向狭长的沙漠带，其主体位于智利境内安托法加斯塔和阿塔卡马两省，部分位于秘鲁、玻利维亚和阿根廷。

阿塔卡马沙漠在大陆西岸热带干旱气候类型中具有显著的特性。阿塔卡马沙漠濒临太平洋，按照常理来说，这里的气候应该不会干旱，但是沙漠北部紧挨的安第斯山如同一道屏障，阻挡了从亚马逊盆地过来的潮湿空气南下。

另外，这里盛行与海岸平行的离岸风，又是秘鲁寒流流经之地，沿海空气与寒流表面接触，使这里的空气下冷上暖，因此形成逆温层，不利于降雨形成，水汽只能成雾，而难以升至高空凝云致雨，使该地区成为世界最干燥的地区之一。阿塔卡马沙漠大部分地方40～100年没有下过雨，部分地区一次干旱竟延续了400年之久，因此被称为世界的"旱极"。在阿塔卡马沙漠中心，有一个被称为"绝对沙漠"的地方，是地球上最为干旱的地区，在这里看不到任何生命的迹象。研究阿塔卡马沙漠多年的美国地理学家克里斯·马凯说："这是我们唯一没有发现生命的地方，是名副其实的死亡之地，无论在南极、北极或任何其他的沙漠，铲起一块土，总能发现细菌。但在这里，你什么都找不到。"

阿塔卡马沙漠由一连串盐碱盆地组成，几乎没有植物，但这个地区有人类居住的历史至少已经1万年，目前这里依然生活着许多印第安人。由于干旱少雨，他们至今保留着求神降水的风俗，其祭祀仪式的中心活动是杀骆驼祭神。因为几乎不下雨，这里的房屋都没有挡雨的屋檐，屋顶大都建成平的，没有排水的斜度，有的人家还在屋顶上砌一圈矮墙，好堆放杂物。城市街道纵横交错，马路上却没有排水道，大部分人不知道什么是雨伞、雨衣，大大小小的商店里也不销售防雨商品。因为缺乏防雨设施，所以一点点降雨都会引起全城骚动。

位于阿塔卡马沙漠北端的阿里卡从不下雨，当地印第安人用网捕水。当地人发现有两种植物在干旱的沙漠中长势良好，原因就是它们的枝叶能从雾气中摄取所需的水分。受这一现象启发，他们根据这里多雾而无雨的气候特点发明了"用网捕水"的办法，设计了一种专门用来收集雾水的捕雾网，垂直悬挂在野外，以捕捉山峰上的浓雾。等雾气凝结在网的表面，积攒成水流后再通过水槽，输送给村里的住家。遇上大雾天，一个村每天可用网收集到1万升的"自来水"，不但饮用有余，还能经常淋浴洗澡。而且，随着社会的进步和发展，当地人已学会引安第斯山脉雪水入管道来供居民使用，并开始开发地下水源。凭借这些方法，人们甚至开始在这里种植橄榄、西红柿和黄瓜，在高原上的人们则主要依靠高山雪水种植作物，放牧骆驼、羊驼。

在大自然的鬼斧神工下，阿塔卡马沙漠向世人呈现出了迷人景致。这里有美丽的落日、宽广的盐碱地和由盐渗透、侵蚀而成的天然雕塑以及别具情致的雪火山，沙漠中还有一片区域的地理构造如同月球一样，被叫做月亮谷。如今，阿塔卡马沙漠已成为智利的旅游胜地，每年都有众多背包客从世界各地前来探险，许多习惯了多雨生活的人更是慕名前来感受"干旱"的滋味。

7. 岩塔沙漠

岩塔沙漠位于澳大利亚西部的西澳首府珀斯以北约250千米处，在临近澳大利亚西南海岸线的楠邦国家公园内。这片沙漠极其荒凉，人迹罕至。沙漠中林立着无数塔状孤立的岩石，因此而得名。造型多样的岩塔，在茫茫的黄沙之中几乎随处可见，景色壮观，使人感觉神秘而怪异。有人形容这种景象为"荒野的墓标"，让人感到世界末日的来临。这里地形崎岖，地面布满了石灰岩，只有越野汽车可驶到那里。

暗灰色的岩塔高1～5米，在平坦的沙面上笔直地矗立着。往沙漠腹地走去，岩塔的颜色由暗灰色逐渐变成金黄。有些岩塔大如房屋，有些则细如铅笔。岩塔数目难以计数，分布面积较大。

每个岩塔的形状都是不相同的，有的表面比较平滑，有的像蜂窝，有的一簇岩塔酷似巨大的牛奶瓶散放在那里，等待送奶人前来收集；还有一簇名为"鬼影"，中间那根石柱状如死神，正在向四周的众鬼说教。其他岩塔的名字也都名如其形，但是不像"鬼影"那样令人毛骨悚然、不寒而栗，例如叫"骆驼""大袋鼠""臼齿""门口""园墙""印第安酋长"或者"象足"等。虽然这些岩塔已有几万年的历史，但可以肯定的是近代才从沙中露出来的。在1956年澳大利亚历史学家特纳发现它们之前，外界几乎对此一无所知，只是口头流传着。早期的荷兰移民曾经在这个地区见过一些他们认为是类似城市废墟的东西。

19世纪，从来没有人提及过这些岩塔。如果它们露出地面，肯定会被牧人发现。因为他们经常在珀斯以南沿着海岸沙滩牧牛，附近的弗洛巴格弗莱脱还是牧人常去休息和饮水的地方。

1837～1838年，探险家格雷在其探险途中曾从这个地区附近经过。他每过一地，必详细记下日记。但在他的日记中没有关于岩塔的记载。

根据科学家估计：这些岩塔的历史有2.5万～3万年。肯定在20世纪以前至少露出过沙面一次。因为有些石柱的底部发现黏附着贝壳和石器时代的制品。贝壳用放射性碳测定，大约有5000多年历史。这些尖岩可能在6000多年前已被人发现。但是这些岩塔后来又被沙掩埋了数千年，因为在当地土著的传说中没有提到过这些岩塔。

1658年，曾在这一带搁浅的荷兰航海家李曼也没有提及它们，只是在他的日记中提到两座大山——南、北哈莫克山，它们都离岩塔不远。如果当时这些石灰岩塔露出沙面，李曼必定会记在他的日记里。沙漠上风吹沙移，会不断把一些岩塔暴露出来，又不断把另一些掩盖起来。因此，几个世纪以后，这些岩塔有可能再次消失。但它们的形象已经在照片中得以保存下来。

那么，这些岩塔究竟是如何形成的呢？帽贝等海洋软体动物是构成岩塔的原始材料。几十万年前，这些软体动物在温暖的海洋中大量繁殖，死后，贝壳破碎成石灰沙。这些沙被风浪带到岸上，一层层堆成沙丘。

最后，在冬季多雨、夏季干燥的地中海式气候下，沙丘上长满了植物。植物的根系使沙丘变得稳固，并积累腐殖质。冬季的酸性雨水渗入沙中，溶解掉一些沙粒。夏季沙子变干，溶解的物质结硬成水泥状，把沙粒黏在一起变成石灰石。腐殖质增加了下渗雨水的酸性，加强了胶黏作用，在沙层底部形成一层较硬的石灰岩。植物根系不断伸入这层较硬的岩层缝隙，使周围又形成更多的石灰岩。后来，流沙把植物掩埋，植物的根系腐烂，在石灰岩中留下了一条条隙缝。这些隙缝又被渗进的雨水溶蚀而拓宽，有些石灰岩经风化后，只留下较硬的部分。沙一吹走，就露出来成为岩塔。岩塔上有许多条沙痕，记录了沙丘移动时沙层的厚度及其坡度的变化。

8.鲁卜哈利沙漠

鲁卜哈利沙漠又称阿拉伯大沙漠。它的形状大致呈东北—西南走向，长1200千米，宽约640千米，面积达65万平方千米。因富含氧化铁而多呈红色。从形态上大体可分为东西两大沙漠。其中东部沙漠海拔100~200米，多为平行排列的大沙丘，有些沙丘高300米，长20千米，近乎一座沙山。在地下水位较高处，有局部绿地处阿拉伯半岛南部的鲁卜哈利沙漠是世界上最大的流动沙漠，其沙丘的移动主要由季风引起，并且由于风向和主流风的差异，沙漠的沙丘被分成3个类型区，即东北部新月形沙丘区、东缘和南缘星状沙丘区、整个西半部线形沙丘区。对于鲁卜哈利沙漠的成因，国内外一直缺少系统的研究。通过对现有资料的分析，可以发现气候、地形及地理等自然因素是影响鲁卜哈利沙漠形成的主要因素，人类的影响不明显。

沙漠地区温差大，平均年温差可达30℃~50℃，日温差更大，夏天午间地面温度可达60℃以上，若在沙滩里埋一个鸡蛋，不久便烧熟了。夜间的温度又降到10℃以下。由于昼夜温差大，有利于植物贮存糖分，所以沙漠绿洲中的瓜果都特别甜。

沙漠地区风沙大、风力强，最大风力可达10~12级。强大的风力卷起大量浮沙，形成凶猛的风沙流，不断吹蚀地面，使地貌发生急剧变化。值得注意的是，有些沙漠并不是天然形成的，而是人为造成的。如美国1908~1938年间由于滥伐森林9亿多亩，大片草原被破坏，结果使大片绿地变成了沙漠。前苏联在1954~1963年的垦荒运动中，使中亚草原遭到严重破坏，不但没有得到耕地，却带来了沙漠灾害。这些风主要从地中海吹来，再依次刮到东部、东南、南方和西南，画出一个巨大的弧。多风的季节出现在12月至次年1月和5~6月。称为热尘风的时期持续30~50天，风速平均每小时48千米。能够考验困在风中的人们耐性的热尘风，是运载大量沙尘并改变沙丘形状的干燥风。每一场风暴都将数百万吨的沙子携入鲁卜哈利沙漠。被吹动的沙子离地不过数尺，只有在被旋风、尘卷或区域沙暴卷起时例外。强劲的东南风每次一连数日扫过大沙漠，将热尘风对沙丘形成的作用逆转过来。

　　鲁卜哈利沙漠中的植物种类繁多，主要是旱生或盐生的。春雨之后，长期埋藏的种子在几个小时内发芽并开花。通常荒芜的砂砾平原变绿了。即使燧石平原也会在深冬初春为骆驼和绵羊长出牧草。这些平原曾是驰名的阿拉伯马的故乡，然而牧草总是过于短缺，难以供养大量马匹。当然，所有的牧区均被过度放牧，因而导致如今广泛的荒芜地带的形成。生长在盐沼的盐生植物包括许多肉质植物和纤维植物，可供骆驼食用。在沙质地区生长的莎草是一种根深的强韧植物，有助于保护土壤。在绿洲边缘往往可以看到柽柳树，其有助于防止沙子侵入。

　　稀有灌木拉克以"牙刷灌木"而著名，其枝条被阿拉伯人依传统用于刷牙。整个沙漠到处都可以看见它们的身影，为贝都因人所熟知，他们将这些草用于食品调味和防腐、熏衣和洗发。能产生馥郁的乳香和入药的灌木可见于阿曼佐法尔地区的较低海拔地带。东鲁卜哈利沙漠一般被认为是不毛之地，

但在巨大沙丘的侧翼却生长着许多植物，包括一种叫做纳西的甜草，为如今稀有的大羚羊（一种非洲羚羊）提供主要草料。许多绿洲种植海枣，海枣本身为人和家畜提供食物。可提供建筑物及制作井架和古式辕杆的木料；树叶作为手工艺品和缮盖房顶。绿洲还出产许多水果和蔬菜，诸如水稻、苜蓿、散沫花（一种能产生棕红色染料的灌木）、柑橘、甜瓜、洋葱、番茄、大麦、小麦及在海拔较高的地区有桃、葡萄和仙人果。

动物的种类多样而独特。沙漠昆虫包括苍蝇、疟蚊、蚤、虱子、蜱、蟑螂、蚁、白蚁、甲虫和能把自己伪装成树叶、树枝或卵石的螳螂（食肉昆虫）。还有清除粪便的蜣螂、无数的蝶、蛾和毛虫，而曾经破坏自然环境的、有害的飞蝗现在得到控制。蛛形动物（一纲节肢无脊椎动物）包括大食蝎虫、蝎和蜘蛛。食蝎虫可以生长到20厘米长。蝎也可以生长到20厘米，有黑、绿、黄、红和灰白诸色。蝎的毒刺可使幼儿致命。绿洲水塘中有小鱼。有一些两生动物，诸如蝾螈、蟾蜍和蛙。爬虫类包括蜥蜴、蛇和龟。一种生活在平原上尾巴肥大的蜥蜴，长度可达1米。这是一种草食动物，颌上没有牙齿，其尾巴烤熟后是贝都因人的佳肴。长达1米的巨蜥，以飞蝗和其他昆虫为食。许多蜥蜴，包括石龙子、壁虎、鬣蜥和有领蜥蜴，都可以在沙漠中找到。

沙漠化的危患

　　中东的美索不达米亚（今伊拉克）地区曾经是世上最早发展农业的地域之一，是世上最早的文明发祥地之一。美索不达米亚的土壤本来非常肥沃，但是过度的农业生产以及乱砍滥伐，导致土地长期枯竭，泥土不能吸收降雨，造成水土流失以及洪水。这种人为的沙漠化现象让人痛心。接下来让我们一起了解有关沙漠化的情况。

　　沙漠化是指干旱、半干旱和部分半湿润地带在干旱多风和疏松沙质地表条件下，由于人为高强度利用土地等因素，破坏了脆弱的生态平衡，使原来非沙质荒漠的地区出现风沙活动的土地退化过程。

有些沙漠化现象是由自然界自身造成的，它通常是因为地球干燥带移动所产生的气候变化导致局部地区沙漠化。但许多沙漠化是由于人为因素造成的：人口急速增长，所居土地被过分耕种或放牧，不重视合理开发利用，超过了耕地的承载能力导致土地枯竭不适合耕种。

沙漠化是一种环境退化的现象，是一种逐步导致生物性生产力下降的过程，它有发生、发展和形成三个阶段：第一，发生阶段，即初期阶段，是潜在性沙漠化，其特点主要是气候干燥、地表植被开始被破坏，并形成小面积松散的沙丘等；第二，发展阶段，其特点主要是地面植被开始被破坏，出现风蚀、地表粗化、斑点状流沙和低矮灌丛沙堆，流动沙丘或吹扬的灌丛沙堆会随着风沙活动的加剧进一步出现；第三，形成阶段，其特点主要是地表广泛分布着占土地面积的50%以上的流动沙丘或吹扬的灌丛沙堆。

目前，沙漠化已经使得许多国家和地区的农牧业和人民的生活财产遭受了严重损失。沙漠化的危害十分巨大，它不仅破坏土地资源，使可供农牧的土地面积减少，还会使土壤肥力退化，从而使得植被量减少、土地载畜力下降、作物的单位面积产量降低。

土地遭受沙漠化威胁的原因主要是来自人类对自然环境的破坏，特别是对土地上植被的破坏，从而导致沙漠化的蔓延。

 小·贴士

中国西北地区从公元前3世纪到1949年间，共发生有记载的强沙尘暴70次，平均31年发生一次。而新中国成立以来近50年中已发生71次。

是什么使植被破坏严重呢？究其原因是治理的速度赶不上破坏的速度，即点上在治理的同时，面上在破坏。这就是为什么越造林治理，沙漠化、荒漠化面积越大的原因。

从表面上看，沙地植被被大面积破坏的直接原因有：

第一，干旱区过度开荒垦殖。有的是因为水资源不足造成部分土地弃耕，还有因过量用水（大水漫灌）造成盐渍化而弃耕。

第二，半干旱（草原区）地区不宜农作的沙质草原土地沙化，沙地植物被直接破坏。

第三，半干旱地区草场（草原）超载放牧、自由放牧、靠天养畜导致大面积草场（草原）退化沙化、沙地植被被破坏。

第四，水资源利用不合理，如上游过量用水使得下游来水大减，水位大幅下降。这些不合理利用导致大面积人工林及天然植被死亡，造成耕地废弃，风沙活动再起。

第五，利益驱动，如一些名贵物种甘草、肉苁蓉、冬虫夏草等被乱挖，进一步破坏了沙漠植被。

沙漠化形成与扩张的根本原因就是人们对荒漠生态系统中的水资源、生态资源和土地资源过度开发利用，导致了荒漠生态系统内部固有的稳定与平衡失调。

中国是世界上受沙漠化危害最严重的国家之一，中国土地沙化集中分布于西北地区及华北北部。近些年来，中国的风沙区生态建设的治理，虽然在局部地区取得了一定成效，但整体恶化的趋势尚未得到有效遏制，中国的水土流失防治任务仍然十分艰巨。

防治沙漠化的对策

　　防治沙漠化并不是一个单纯的技术问题，它同时也是社会问题和管理问题。它涉及社会、经济、生态各个方面和林业、农业、水利、环保等各个政府部门。这是一项复杂的系统工程，我们可以从以下几个方面加强对沙漠化的治理：一、合理利用水资源；二、利用生物和工程措施构筑防护林体系；三、调节农林牧渔的关系；四、采取综合措施，多途径解决当地能源问题；五、控制人口增长；六、推广作物的轮休制度；七、推进土壤保护制度；八、多种植树木。

　　人类掠夺性地向自然索取，在一些地区造成了土地沙漠化，当我们一寸

寸地失去这些土地后，还能再要回来吗？答案是肯定的！无数事实证明，治理沙漠化虽然是很艰巨的事情，但是，沙漠化也绝不是不可抗拒的，只要有组织、有计划地采用科学的治理办法，沙漠是可以被人类所治理好的。

目前沙漠化地区植被退化的成因，既有自然因素也有人为因素，而主要成因是以后者为主，故防治土地沙漠化应以防止人为活动的破坏为主，兼顾对不利自然因素的防范，使之与土地资源合理开发利用相结合，并尽可能地融为一体，彼此配合、互相促进，以求得生态效益、经济效益、社会效益的统一。

沙漠化过程具有自我逆转的特性，即沙漠化发展进程中，如果消除人类活动的外界干扰，沙漠化过程可以逐渐终止。其自我逆转能力取决于沙漠化过程发展程度和沙漠化过程发生地区的自然环境特点。实行退耕还牧、压缩牲畜头数、实行封育等办法，让地表自行恢复天然植被。在此过程中，人类不能过度利用土地资源，随着天然植被的逐步恢复和自然更新，土地沙漠化程度会相应减轻和逆转。

在许多情况下，自然的恢复可通过人工方法来促进，主要目的是增加土壤的水分含量，或改善土壤肥力。人工恢复的种类很多，如松土、挖坑、施肥、种植耐旱灌木署口树才，营造薪炭林等。人工措施能较好促进植被恢复，并且保持年份较长。

人工恢复主要包括工程治理措施、生物治理措施。我国沙漠化防治最根本的途径是生物措施，只有在迫切需要时才采取一些工程措施，只是辅助性和临时性的。

沙漠化造成的危害，归根结底还在于风沙流动的风蚀、搬运、堆积的作用。为了防止沙丘的移动，控制沙丘表面疏松的沙粒不被风蚀吹扬。可以利用杂草、树枝以及其他材料，在沙丘上设置沙障。工程治理措施因材而异，种类繁多，一般最常见的有草方格沙障、立式沙障、平铺沙障、卵石固沙等。草方格沙障是用麦草、稻草、芦苇等材料，在流动沙丘上扎设成方格状的挡风墙，以削弱风力的侵蚀。

用植物来控制和固定流沙是最有效也是最根本的措施。在沙漠化地区，

有计划地栽培沙生植物，不仅能长期地固定流沙，而且还能改变沙区的生态环境和气候条件，以至达到沙漠化土地改良的目的。我国沙区各族人民在治理沙漠化的过程中，总结出流沙有喜风、喜干旱，怕水、怕草、怕树的"两喜三怕"的特点。水是沙漠化的命脉，有了水，可以长树、长草，可以阻挡风沙。根据沙漠化的这些特点，采用不同的植物治理措施。

 小贴士

　　青藏高原河谷合理的人口密度是每平方千米不超过20人，而今在该地区却达90人，大大超出土地承载力。过垦过牧，造成风沙肆虐。西南地区山高坡陡，土壤瘠薄，植被破坏后石漠化严重。石漠化使土地永久丧失生产力，因此比沙漠化问题更严重，也更难以治理。

　　固沙造林措施。利用人工栽植的办法，根据需要，在沙漠化土地植树造林。由于沙漠化土地自然条件差，植物生长困难，必须选用优良沙生植物品种，同时还要加以人工的抚育和管理。

　　营造防风林。"风起沙扬，风止沙落"，风是形成沙漠化、驱使沙漠化扩张的根本动力。所以，防沙应先防风。在沙漠化地区营造大面积的防风林带，可以削弱沙漠化地区的风力，从而达到阻止沙丘移动的目的。

　　封沙育草。引起风沙危害的重要教训之一，就是人为地破坏草场。根据这个经验，人们采取了治理沙漠化的相应措施，即"封沙育草"。在水分条件比较好，而且有一定植物生长的沙漠化土地上，一定的时期内，封禁起来，禁止放牧和樵采，促进沙漠化土地原有的天然植物得以养息、繁殖，必要的时候，还可以进行人工初种，从而使流沙固定。经验表明，封沙育草，保护天然植物的繁殖生长，对治理沙漠化土地有十分重要的意义。在封沙育草的基础上，内蒙古沙区群众又创造出"草库仑"的办法来改造沙漠化土地。"库仑"蒙语的意思是用柴草、柳条、土墙等围起来的居民点和草原。所谓"草库仑"，就是把需要治理的沙漠化土地、天然草场等用人工的办法，将它们圈围起来，实行封沙育草，促使植物的天然更新。然后再采用育草、育林等各种措施对沙漠化进行综合治理。把流沙草场化，改造成新牧场。"草库仑"是

改造利用沙漠化土地的一种行之有效的好方法。

当然，在治理沙漠化的过程中，需要采用综合的措施，绝不只是单独地使用上述某种方法就可奏效的。例如，为固定流沙进行固沙造林时，若不与工程治理措施相结合，很难取得成功。因为沙漠化地区的自然条件很恶劣，植物生长较慢，需要一定的成长过程和时间，才能起到固沙的作用。而沙区风力强大，能将种下的植物很快吹蚀掉。因此，一般都先用草方格沙障固定沙丘的迎风坡，而后才在草方格沙障内种植固沙植物。所以，治理流沙时，常常几种措施同时并举，综合治理，才能取得显著的成效。

今天，爱护地球保护环境被视为人类共同的任务，留下繁荣的经济和良好的生态环境给后代子孙，已成为当代人的神圣职责。

顽强生存的沙漠动物

　　沙漠干涸、炎热、荒芜。然而，在灼热的地表下，或是人们不易察觉的阴影处，存在着另一个不一样的世界。数千种沙漠动物在沙漠中繁衍生息，这些动物都是顽强生存的榜样，让人刮目相看。

　　其实，沙漠并非人们想象中的"不毛之地"，沙漠里的动物种类非常多，它们主要是穴居性动物，如跳鼠、蜥蜴、蝎子、蛇等，大型动物有大象、狮子、骆驼等。不同的沙漠气候，分布的动物种类和数量也有很大差别，而且随着时间的推移一直在变化。

小·贴士

　　　　沙漠里一些小动物都十分耐旱，它们不需要喝水，能直接从植物体中取得水分，或依靠特殊的代谢方式获得所需水分，除此之外，这些动物在减少水分的消耗方面也有自己的独特办法。沙漠里的动物大都营穴居生活，以保护自己避免一切侵害。

　　水资源的严重匮乏是沙漠里的生命体所面临的最大的威胁，而比起沙漠里的植物，沙漠里的动物还必须面对极端炎热的气温这一威胁。理论上，动物们只能适应很小的温度变化，当超出这个变化范围，动物就会死亡。而在生态环境极其恶劣的沙漠中，每年约有4~5个月的时间，日常气温变化都超出动物身体所能承受的范围，沙漠动物到底是用什么特殊的本领来对抗这些威胁呢？

与其他自然环境区相比，沙漠地区的动物数量少，种类贫乏，主要以小型啮齿类和爬行类为主。这是因为些沙漠地区的气候非常干旱，降水极不稳定。有时一连几个月、甚至连续几年不降雨。蒸发量大于降水量数倍以至数十倍。夏季气温很高，温度的日变化与季节变化很大。这种极为干燥的大陆性气候，对动物的生长十分不利。

小·贴士

在沙漠中很多动物会将尿撒在自己的腿上，通过尿液的蒸发带走身体的热量；许多鸟类的羽毛和皮肤在长期的进化中变成了白色，能很好地反射强烈的光线。

沙漠野生动物对白昼高温具有很强的适应性。大多数沙漠动物多在晨昏和夜间从洞穴中出来觅食。例如，亚洲、非洲的沙鼠和跳鼠以及美洲的更格芦鼠都在夜间活动；鸟类亦在晨昏时分寻找猎物。长期的夜出生活使许多沙漠动物的眼睛和听觉系统特别发达。鸟类没有汗腺，只能靠喘气从肺中蒸发水分。因此，它们每天必须得到水的补充。少数昼出性动物则善于逃避高温。它们在最炎热的时刻，要么躲入洞穴，要么躲避在小灌丛下，或者把身体埋进沙里。

总体来说，生活在干燥地区的动物，必须克服三个困难：尽可能少地消耗水分；保持适当的体温；寻找足够的食物。因此，只有那些相当进化的动物，才能适应这种环境。

沙漠动物的求生本领

为了适应周围环境，生物的部分生理机能或行为会出于生存需要而有所进化，沙漠动物自然也不例外。沙漠动物的特殊生存本领主要有以下 4 个方面：

第一，避暑的本领。为了躲避高温和干旱，绝大部分的沙漠动物都昼伏夜出，它们只在黎明或日落后的几个小时内活动，其他时候则静静的待在凉爽或有阴影的地方，甚至躲藏在地下。不过，有一些极稀少的动物种类会在白天活动，例如极乐鸟，不过，它也需要时不时地在阴凉处歇歇脚。

 小·贴士

　　在最热的季节里，最活跃的可能是某些沙漠蜥蜴，灼热的阳光下，它们还会在沙地上奔跑。不过在高温的地表，它们行动极其迅速，只在阴凉的阴影处停驻。它们特有的长腿在奔跑时不会吸收太多地表热量。

　　第二，散热的本领。避暑并不能完全解决沙漠动物抗热的问题，因此，除了用自己的方法避暑外，它们还有自己独特的散热本领。如猫头鹰、夜鹰经常张大嘴，迅速鼓动喉部，以尽可能地蒸发口腔中的水分来达到散热的目的。但是，并不是所有的沙漠动物都能使用这种方法来散热，如果无法获取足够的水分，这种蒸发散热法十分容易造成脱水。

　　第三，保持水分的本领。对于沙漠动物来说，能否保持水分是其生死存亡的决定因素。沙漠动物最普遍的行为就是避开干燥炎热的白天，藏在湿润阴凉的地洞里，以减少水分的蒸发。

　　第四，摄取水分的本领。沙漠动物大多是靠植物来摄取水分的，尤其是多汁植物，如仙人掌等。沙漠中的生命有自己的一条食物链，例如大多数昆虫都是靠吸取植物的汁液为生，而昆虫的繁衍，又为鸟类、蝙蝠、蜥蜴等物种提供了丰富的食物来源。

第二章

沙漠中的植食哺乳动物

我们常说民以食为天，动物也是如此，动物可以从其他生物的身上得到赖以生活的能量。有些动物靠吃植物来获取能量，有些动物则专吃其他动物来获取能量。动物吃植物是自然界食物链的基础，也是食物链的基础环节，而食物链的其他环节都有赖于这一环节的存在，可见一切动物都直接或间接地依赖植物为食。食植动物的数量对植物的数量有显著的影响，而后者反过来又限制着动物的数量，在长期进化过程中，这种相互关系已经形成了一种微妙的平衡。

沙漠之舟——骆驼

  骆驼是骆驼科骆驼属的动物，有一个驼峰的是单峰骆驼，有两个驼峰的是双峰骆驼。骆驼的鼻孔能开闭，足有肉垫厚皮，适合在沙漠中行走。单峰骆驼比较高大，在沙漠中能走能跑，可以运货，也能驮人。双峰骆驼四肢粗短，更适合在沙砾和雪地上行走。骆驼是沙漠里重要的交通工具，人们把它看做渡过沙漠之海的航船，有"沙漠之舟"的美誉。

  骆驼性情温顺，常单独活动，食粗草及灌木，平均寿命可长达30~50年。骆驼特殊的身体构造能适应沙漠恶劣的环境，如骆驼的耳朵里有毛，能阻挡

风沙进入；骆驼有双重眼睑和浓密的长睫毛，可防止风沙进入眼睛；骆驼的鼻子还能自由关闭，这些"装备"使骆驼一点也不怕风沙。沙地软软的，人脚踩上去很容易陷入其中，而骆驼的脚掌扁平，脚下有又厚又软的肉垫子，这能使骆驼在沙地上行走自如，不会陷入沙中。

骆驼的皮毛十分厚实，这有利于它保持自身体温，以安全度过沙漠冬天的严寒。骆驼对沙漠里的气候也十分熟悉，快有大风袭来时，它就会跪下，预先做好防风的准备。

骆驼的耐饥耐渴能力非常强，它的驼峰里储存着大量的脂肪，这些脂肪在骆驼得不到食物补充的时候，能够分解成骆驼身体所需要的养分，以供其生存所需。另外，骆驼的胃里有许多装满水的瓶子状的小泡泡，因此骆驼即使数十天不喝水，也不会有生命危险。除此之外，骆驼巨大的口鼻是保存水分的关键部位，据计算，骆驼的这种特殊的口鼻可使它比人类呼出温热气体节省70%的水分。

通常骆驼体温升高到40.5℃后才开始出汗。夜间，骆驼往往将自己的体温降至34℃以下，低于白天的正常体温。第二天，骆驼的体温要升到出汗的温度点上需要很长的时间。这样，骆驼极少出汗，而且很少撒尿，节省了体内水分的消耗。

小·贴士

沙漠中死于干渴的人大多因血液中的水分丧失，血液变浓稠，体热不易散发，导致体温突然升高而死亡。而骆驼却能在脱水时仍保持血液的正常浓度，骆驼只有在几乎每一个器官都失去水分后才丧失血液内的水分。

有意思的是，骆驼既能"节流"，也注意"开源"。它的胃分为三室，前两室附有众多的"水囊"，有储水防旱的功效。所以，它一旦遇到水，便拼命喝水，除可以把水储存在"水囊"中外，还能把水很快送到血液里储存起来，慢慢地消耗。

　　骆驼在沙漠中长途跋涉需要储备足够的能量。驼峰中储藏的脂肪相当于全身重量的1/5，当找不到东西吃时就靠驼峰内的脂肪来维持生命。同时，脂肪在氧化过程中还能产生水分，提供生命活动时所需要的水。所以说，驼峰既是骆驼的"食品仓库"，又是它的"水库"。

　　骆驼是沙漠、戈壁、盐碱地、山地及积雪很深的草地上运送物资的最为重要的驮畜，发挥着其他家畜及交通工具难以替代的作用。一般说来，长途运输时，双峰驼的驮重约为100~200千克，短途运输时，双峰驼可驮重250~300千克，行程每天可达30~35千米。因此，在沙漠地区的探险、科学考察、运输等工作中，骆驼都被广泛应用。

　　骆驼曾经分布广泛，但目前多数骆驼的野生物种已经濒临灭绝。据统计，现在约有数千只野生双峰驼生活在戈壁滩，除此之外，在伊朗、阿富汗和哈萨克斯坦也有少量的野生骆驼分布。

沙漠行走的使者——野骆驼

　　野骆驼，其珍贵之处就在于"野"字，因为"野"而难得一见。20世纪80年代初期有一批动物专家在北京动物园参观，见到一只骆驼，他们仔细端详，反复察看，从形体上确认是野骆驼。他们感叹地说，几十年来想看一看野骆驼没能看到，但是在北京见到了它，真是大出意外。有一位欧洲的动物学家1983年专程从欧洲到北京来细瞻野骆驼，他在动物园中"泡"了将近3天，拍了近百张的照片。他说，有几个国家展览过野骆驼，但是那都是冒充的假货，唯有北京动物园饲养、展出的这只野骆驼才是真正的野骆驼。野骆驼的珍稀程度，由此可见一斑。真正的野骆驼生活在我国新疆、甘肃、内蒙

古的沙漠腹地深处，人们当然难得一见了。

野骆驼体长2.5~3.5米，体高2米左右，尾长约0.5米，体重450~700千克。头部短小呈锥状。有一对小眼睛和小耳朵，上唇有唇裂，呈两瓣，与兔子的嘴唇很相似。它的眼睛有重睑，鼻孔内有瓣膜，这使得它适应在风沙中生活。野骆驼的背上长着两个圆锥形的驼峰，可高达30厘米左右，这是它最明显的形体特征。这两个高高的驼峰是它的"粮库"。它平日摄取的食物中的营养成分，可转化为胶质的脂肪，储存在"粮库"中，当食物严重缺乏时，可用以维持生存。野骆驼体型瘦高，通体披覆着浅棕黄色的体毛。膝、肘、颈、头顶、尾部以及驼峰顶部的毛比其他部位的要长得多，但毛色无变化。野骆驼与家骆驼在形体上有较明显的差别。野骆驼总体看上去瘦而高，家骆驼比野骆驼形体要肥胖、高大。野骆驼的四肢明显的瘦长，而家骆驼的四肢、膝部以上则肥胖得多。野骆驼的驼峰比家骆驼更小得多，野骆驼在缺食时驼峰也能保持坚挺，而家骆驼则随营养程度明显变化。吃足时驼峰又高又大，营养缺乏时甚至倒垂下来。野骆驼的头、吻、耳朵、尾巴、脚掌都比家骆驼小。从野骆驼与家骆驼脚掌的区别上可以看出，野骆驼善于奔跑，而家骆驼适宜驼物负重，平稳缓慢地行走。但两者脚掌下都有厚厚的肉垫，这使得它们适宜于在灼热的沙漠中行走，而不至于被烫伤。

野骆驼能在气候、物质条件极为恶劣的沙漠中生存，这与它们的外部形体特征有关，尤其与它们的内在生理特征相关。

小贴士

人们都知道熊猫艰难的生存斗争，但很少有人听说过野骆驼以及它们怎样在戈壁沙漠中，在地球上最恶劣的气候条件下艰难地生存下来。其实，世界上野骆驼的数量比熊猫还少，所以它和熊猫一样都是非常珍奇的动物。

野骆驼有极为灵敏的嗅觉，凭着这一点，它能觉察到远处的水源，从而在沙漠中找到宝贵的水。只要一遇到水，野骆驼就会开怀畅饮。它有3个胃，其中有一个蜂巢胃分成若干小格，而每个小格内又分为几个更小的小格，在这些小格里面可以储存许多水，使它可以耐得住数日无水的考验。据资料表明，有一次动物学家把两头野骆驼隔离在草、水全无的沙漠里，在烈日当头的夏季，它们竟活了16天之久，其耐渴能力实在惊人。野骆驼属反刍动物，在胃中可以储存大量经过粗嚼后的野生植物枝叶，在缺食时再反入口腔细细咀嚼，这一功能和驼峰的储藏胶脂的功能结合起来，又可使它多日不吃食物而照常生存。

野骆驼的居住方式随季节变化而变化，夏季大多散居，一般为雌雄一对带领一个幼仔。秋冬季节则相对聚居于较温暖的地方，一群有20~30只。野骆驼习惯于白天活动，它胆怯而机敏，稍有响动就有所反应。每年1~3月是野骆驼的交配期，受孕后孕期长达12~14个月，每胎只产1仔，幼仔一落地就具有跟随父母行走的能力。约4~5年幼仔成熟，一头野骆驼的寿命在35~40年之间。

由于野骆驼的特殊生活环境，所以很难捕捉得到。以至世界上除我国北京和乌鲁木齐的动物园展出过野骆驼外，还没有第二个国家的动物园展出过活野骆驼，至于人工繁殖，目前只是一种热切的愿望而已。野骆驼在我国已经濒临灭绝，据估计仅存数百只。随着人们对自然界的开发向广度和深度发展，野骆驼的命运已更堪担忧，我们应当尽最大努力保护野骆驼的生存和繁殖，使野骆驼这种举世罕见的动物家族繁荣昌盛起来。为了保护野骆驼的生存、繁殖，我国已划定了以保护野骆驼为主的自然保护区，并将野骆驼列为国家一级保护动物。

沙漠老人——双峰驼

　　双峰驼属哺乳纲，偶蹄目，骆驼科，它们的原产地在亚洲中部土尔其斯坦、中国和蒙古。据资料显示，双峰驼至少在公元前800年就已经被驯化了，但现在仍有野生双峰驼在我国塔里木至柴达木盆地之间，向东至蒙古地带栖居。这是一种非常古老的生物，我国的大熊猫是第四纪遗留下来的动物"活化石"，而野生双峰驼也被认为是4000万年前就已出现了的"化石动物"，且是数量比大熊猫还少的世界珍稀濒危动物。双峰驼是我国一级保护动物。

　　从外形上看，双峰驼最突出的特点是它的背上有两个瘤状肉峰。野生双峰驼的驼峰比家骆驼的小而尖，躯体比家骆驼的细长，脚比家骆驼的小，毛也较短。双峰驼常栖息在干旱地区，并会随季节变化而迁移。野生

双峰驼数量稀少，它们常常单独、成对或结成4～6只小群一起行动，很少见到12～15只的大群。通常情况下，双峰驼的繁殖期在4～5月份，孕期12～14个月。雌骆驼每次产1崽，很少2崽。4～5岁达到性成熟，寿命35～40年。与单峰驼相比，双峰驼耐饥渴的能力更强，它们可以十多天甚至更长时间不喝水。为了减少水分的流失，双峰驼排汗及排尿量都很少，只有当体温升高到46℃时才会出汗。在极度缺水时，双峰驼能将驼峰内的脂肪分解，产生水和热量。而且令人吃惊的是，双峰驼的一次饮水可达57升，以便恢复体内的正常含水量。它们能吃沙漠和半干旱地区生长的几乎任何植物，甚至包括盐碱植物。它们对环境的适应性及耐力由此可见一斑！

双峰驼不畏风沙，善走沙漠，比较驯顺，易骑乘，被世人公认为"沙漠之舟"，人们也充分利用了双峰驼的这个特点来为自己服务。在中国，骆驼很早就被驯养成为家畜，汉代时就有"乃非驼难入之漠"的名句，以形容通往西域途中的沙漠及戈壁。到唐代，外交频繁，"丝绸之路"上骆驼商队络绎不绝。在茫茫的沙漠中，一支浩浩荡荡的伴着驼铃声的骆驼队，可谓是沙漠里最亮丽的风景了。

耐旱高手——阿拉伯羚羊

阿拉伯羚羊是一种优雅的白色羚羊，又叫阿拉伯直角羚羊，身高大约1米，体重136千克，在其面部和腿部有黑色的斑纹。阿拉伯羚羊眼光敏锐，警惕而戒备，并通过低头把角朝前来保护自己。阿拉伯羚羊跟随罕见的雨游牧群居，能够在很远的距离探测到降雨，并朝着降雨的方向迁移，能有效地利用雨后新长出来的植物生存。

为了适应沙漠与荒漠生活，阿拉伯羚羊有很大的心脏与肺，能够忍耐45℃的高温。阿拉伯羚羊能够不喝水而整天进行奔跑，在特殊情况下，即使几年不喝水，阿拉伯羚羊依旧可以存活。阿拉伯羚羊到底是怎样吸收水分呢？据研究调查发现，阿拉伯羚羊一般在早上或者凌晨起来，以便汲取草叶上面的水分，或者是靠沙漠植物里面含有的水分而补充身体里面对水的需求。因为阿拉伯羚羊是食草动物，它一般依靠野草、灌木、浆果以及沙漠植物的根茎生存。

 小·贴士

阿拉伯羚羊角很长，雌性的羚羊角上面呈现出圈环状态。长角是羚羊的武器与防护装备，阿拉伯羚羊脖子与肩部皮肤较厚，利于飞奔。遇到危险时，用角抗敌，尖角锐利，可以刺死狮子与胡狼。

阿拉伯羚羊经常长时间地走路，如果遇到危险，它可以在一夜之间奔跑50千米。阿拉伯羚羊是群居性动物，一个阿拉伯羚羊群落的羚羊数目超过60

只。雄性羚羊在阿拉伯羚羊群落中处于支配地位，雄性羚羊通过角斗取得地位并以此获得雌性的青睐。

　　阿拉伯羚羊在牧草足够的条件下，可以存活20年；但如果遇到干旱，羚羊的寿命会大大缩短。雌羚羊仅12个月大就可以繁殖。大多数雌羚羊每年都产仔，但前提是要有足够的食物。如果经过18个月的干旱，雌羚羊就不太可能怀孕，也无法哺育幼仔。雄羚羊2岁就已达到性成熟，但在其他雄性的竞争下，要等到至少3岁才可以繁殖。

　　野生阿拉伯羚羊在20世纪70年代初已经灭绝，但在动物园和私人圈养下使其得以存活，并于1980年重新放生于野外。现在，不少阿拉伯国家建立了羚羊保护区，沙特、阿联酋、安曼、约旦、也门都很重视保护这种沙漠动物。在阿联酋的野外荒漠中，人们还可以看到悠闲散步的羚羊。

善于跳跃——弓角羚羊

　　弓角羚羊是羚羊类中最善于跳跃的种类。弓角羚羊体长约为1.2~1.5米，肩高约为68~90厘米，体重约32~36千克，跳跃的高度一般可高达3~3.5米。弓角羚羊无论雌雄均有角，黑色角上具环棱；它的四肢细长，臀部及其背面、腹部、四肢内侧均为白色；其背部中央有一条纵向的由皮肤下凹而形成的褶皱，褶皱内的毛为白色，当弓角羚羊因受惊而开始逃跑时，它背部的褶皱就会展开，出现一条明显的白脊，这是弓角羚羊向同伴发出告警的信号。弓角羚羊的蹄呈扇形，很适合在沙地行走，而不至于陷入沙中。

小·贴士

弓角羚羊在抵御敌犯时，会先低下头，将尖角指向对方。然后弓角羚羊会不停地挥动长角，鼻孔还会不断地喷气呢！

半沙漠地区是弓角羚羊的主要栖息地，弓角羚羊夏季大多居于空旷的荒漠地带，晚秋至冬季则一般在盐沼半荒漠地带居住。弓角羚羊几乎一生都不喝水，它的身体所需的水分一般都从植物中获取。

弓角羚羊是群居性动物，它们多以5~20只为一群移动，由年长的公羚羊领队。

弓角羚羊在干旱季节为寻找新的草场而结大群进行长距离迁移。以草类和灌木嫩枝为食，如有足够的青草则不饮水。每年5月发情交配，孕期6个月，通常在11 ~ 12月产仔，每胎1仔。鬣狗、兀鹰等为其天敌。

由于人类长期大量猎捕，弓角羚羊现在已很稀少，栖息于南非的几个国家公园及其附近地区。由于易于饲养，成为动物园中有名的观赏动物。

荒漠上的精灵——高鼻羚羊

　　高鼻羚羊又叫大鼻羚羊、赛加羚羊。高鼻羚羊夏天毛短，呈淡棕黄色，由颈部沿着脊柱到尾基有一条深褐色的背中线，腹部白色；冬天毛长而密，全身几乎都是白色或污白色。高鼻羚羊雄兽的颊部、喉部和胸前都长着长毛，好似胡须一般。雌兽在头骨上有2个小突起。雄兽也有细长的角，但没有藏羚羊的角长，长度在26~37厘米之间，最长的记录为37.4厘米，粗13.3厘米。角基本直竖，角尖稍向前弯，略呈钩状，上面有11~13个棱状环节。角呈琥

珀色的半透明状，向阳光透视，角尖内有血丝和血斑样影，基部稍呈青灰色，圆形，有骨塞，名叫"羚羊塞"，约占全长的一半或1/3。骨塞坚硬而重，横截面的四周呈齿状而与外面的角质层密合。角内没有骨塞的部分，中心有一条扁扁的角形小孔，直通近尖端，俗称为"通天眼"，并且质地坚硬，不易折断。

高鼻羚羊头大而粗，脸部较长，眼大，眼眶突出，耳短，呈圆形。鼻子非常特殊，鼻端大，鼻中间有槽，鼻腔呈肿胀状鼓起，比藏羚羊鼻子膨胀的程度要大得多，有很多褶皱，而且整个鼻子延长，稍似象鼻那样形成管状下垂，鼻腔中的鼻毛很多，两个鼻孔就朝下开在管的下端，口也向下，这样可以起到温暖和湿润空气的作用，还能防止风沙进入，适于在荒漠地带的缺氧环境中生活。此外，高鼻羚羊还有一种特殊的肌肉，可以使鼻子灵活地转动，采食的时候将鼻子向一侧弯曲。尾巴特别短，四肢较细，但强健有力，不过在站立或行走时的姿态比较特殊，头部低垂，颈向前伸，好似弯腰的样子。

高鼻羚羊一般在草原、灌丛和荒漠地区栖息。高鼻羚羊的食物主要是禾本科的各种草类以及灌木等植物，它可以较长时间不饮水，只有在极其干旱的情况下，才结群去找寻水源。

高鼻羚羊是群居性动物，一般20~30只左右结成小群活动。高鼻羚羊有季节性南北迁移现象。

 小·贴士

　　高鼻羚羊十分善于奔跑，即使是刚出生5~6天的幼体，奔跑的时速也可达30~35千米。另外，高鼻羚羊的嗅觉、视觉均非常灵敏，既可用嗅觉察知天气的变化，又可靠视觉看到1千米以外的敌害。

狼是高鼻羚羊的主要天敌，狼十分擅于捕食交配期后身体虚弱的雄性高鼻羚羊和怀孕的雌性高鼻羚羊以及高鼻羚羊的幼仔等。尤其是在冬季大雪过后或冰冻时期，由于高鼻羚羊的体重较大且蹄子狭小，容易陷入冰雪之中，

而体重较轻的狼却可以凭借宽阔多毛的脚掌在雪地上奔跑，所以往往能够轻易得手。

高鼻羚羊一般在秋季发情交配，雄性高鼻羚羊通常与5~15只雌性高鼻羚羊结成"一夫多妻"的繁殖群。在繁殖期间，如果其他雄性高鼻羚羊侵入其领域，便会发生残酷的逐偶格斗，甚至造成死亡。雌性高鼻羚羊的怀孕期大约为139~152天，每胎产1~2仔，有时也会产3仔。幼仔初生时约为3.5千克左右，哺乳期约为2个月，1~2岁时性成熟。高鼻羚羊的寿命一般为10~12年。

高鼻羚羊浑身是宝，因此造成了人们长期对高鼻羚羊无情的猎杀，致使高鼻羚羊的数量和分布范围大大减少，到20世纪初期，全世界只有1000只左右高鼻羚羊尚存。后来，在各国的大力保护下，高鼻羚羊得以休养生息，其数量上升到20万只左右。

在我国，高鼻羚羊虽然被列为国家一级重点保护动物，但从20世纪40年代起，我国就没有再发现过高鼻羚羊的任何踪迹，在最近几年的调查中也没有找到它们。

奔跑之王——叉角羚

叉角羚是叉角羚科中唯一生存在北美洲的动物，也叫北美羚羊。叉角羚的上体呈红褐色，腹部呈白色，鬃毛呈黑褐色。喉部有两条白带，臀部有一大块白色圆圈。臀部的白色体毛可以竖起，像发出白色的警告信号，人站在3~4千米之外也能看得见。雄性和雌性的叉角羚头上都有角，分成两个叉，长的向后弯，短的向前伸。叉角羚因其角的中部有一向前伸的分枝而得名。雌雄均具永久性的角，但角的外鞘每年更换，角外鞘在每年的繁殖季节后脱落，脱落前在老鞘的下面长出新鞘。

叉角羚生活在宽阔的草原和沙漠地带，主要以草和树木为食。叉角羚可以长时间不饮水，因此可以很好地适应沙漠环境。叉角羚特别善于奔跑，它

的奔跑速度仅次于猎豹，不过，叉角羚的耐力远强于猎豹。叉角羚奔跑的最高速度可达每小时95千米，并且耐力惊人，能以72千米的时速维持奔跑达11千米之久。科学家经调查研究分析得出结论，叉角羚惊人的奔跑能力跟已经灭绝的北美猎豹有关，叉角羚杰出的奔跑能力是在北美猎豹的捕食压力下进化而来的。

叉角羚的眼睛是北美有蹄动物中最大的，其生长位置相比其他食草动物更靠外靠上，这使它拥有更广的视野，更容易发现靠近的天敌。而且视觉特别发达，能达到相当于人用八倍双筒望远镜看远处的效果。但近视能力差，10米开外的人如果不动的话，叉角羚将很难察觉到人的存在。

叉角羚是一种天生好奇的动物，喜欢靠近一些没有明显威胁特征的新东西。猎人常常利用这一点，静坐在一处挥动白手帕，来引诱隐藏的叉角羚现身。传说中，生活在北美洲的叉角羚就对第一批殖民者感到非常好奇，这些殖民者躺在地上，向空中踢自己的腿或者摇动一块红色的手帕，便可以把叉角羚吸引到身边来。

为了避免敌害发现，叉角羚的幼羊适应长时间静卧的能力也是惊人的。在北美西部的3~4月份湿冷的天气中，静卧的幼羊只能通过产生大量的体热来维持体温。此外，不到最后一刻，静卧的幼羊在危险逼近时仍然能维持静止的状态。曾有人在北美野牛和叉角羚共存的草原上发现有些幼羊的脚被路过的野牛蹄子踩断成两截。很显然，野牛蹄子踏下来的时候幼羊还是坚持静止状态。

叉角羚在6000年来一直沿着固定的线路进行迁徙。叉角羚大迁徙全程125千米，是世界上迁移路程最长的陆上哺乳动物之一。但是由于人类制造的诸多障碍——栅栏、公路、天然气田以及房地产开发项目，叉角羚的迁移之旅面临艰难险阻。例如，无法跳过人类建造的栅栏，它们被迫从中间慢慢穿过或者从带刺的铁丝下面小心翼翼地钻过去，如果越不过的话，它们就要选择后退，放弃已经有着6000年历史的年度大迁徙。

最有特色的角——旋角羚

　　旋角羚主要分布在冈比亚、阿尔及利亚并向东延伸至撒哈拉大沙漠地区。旋角羚身体笨重，奔跑速度较慢，容易被当地居民捕杀，是一种处于极度濒危的珍稀动物，不过全球有不少驯养于牧场中的旋角羚。旋角羚是偶蹄目牛科旋角羚属的唯一品种。

　　旋角羚的体型较大，其体长约为1.5~1.7米，肩高约为0.9~1.1米，体重约120千克。旋角羚的脖子很短，肩比臀部略高；旋角羚的四肢较粗，蹄宽大，这有利于它在沙漠中行走；旋角羚的尾巴又圆又细，长约25~35厘米，末端有

长毛。冬季，旋角羚的毛呈灰褐色，长而粗糙；夏季，旋角羚的毛呈沙黄色。此外，旋角羚的头部前额有较大片的黑色簇毛。旋角羚的眼睛较小，无论是雌性还是雄性的旋角羚都有角，雄性角长可达120厘米，雌性可达80厘米。旋角羚的角较细，分别向后外侧再向上弯曲，并略呈扁的螺旋形扭曲，其名称即由此而来。

小·贴士

　　由于偷猎的原因，非洲野外的旋角羚数量已经极度稀少，因此，很多动物园都圈养了旋角羚，从而对其进行保护。

　　旋角羚是群居性动物，通常5~20只结成一群，由1只老雄羚率领。旋角羚群经常为找寻足够的食物而不断进行长距离的迁移。旋角羚有极强的适应干旱沙漠的能力，它一生中极少饮水，一般在晨昏及夜间活动。

　　旋角羚的怀孕期特别长，约10~12个月，一般在冬季或早春产仔，每胎1仔，产仔后立即又进行交配。

喉部肥大的动物——鹅喉羚

　　鹅喉羚的体型与黄羊相似，体型较小，体长约为100厘米，尾长约为12~14厘米。雄性鹅喉羚在发情期喉部特别肥大，状似鹅喉，因此得名。雄性鹅喉羚的角较长且微向后弯，角尖朝内；雌性鹅喉羚的角较短。鹅喉羚的体毛呈沙灰色，吻鼻部由上唇到眼色浅呈白色，腹部、臀部呈白色，尾巴呈黑褐色。由于鹅喉羚的尾巴在平时不停地摇摆，故又被称为长尾巴黄羊。

　　鹅喉羚属于典型的荒漠、半荒漠动物，通常栖息于海拔2000~3000米的高原开阔地带。鹅喉羚是群居性动物，经常4~10只一起集成小群活动。到了秋季，鹅喉羚会汇集成百余只的大群作季节性迁移，有时还与野驴混群活动。

鹅喉羚的耐旱性很强，其食物主要是冰草、野葱、针茅等草类。鹅喉羚喜欢在开阔地区活动，尤其是早晨和黄昏觅食频繁。鹅喉羚在觅食的时候常将尾巴竖立，并且横向摇动。

 小·贴士

由于工农业开发、过度放牧等人为因素及气候变化的影响，鹅喉羚的栖息地遭到破坏，加上人为猎杀，导致种群数量急剧减少，多年来鹅喉羚在宁夏踪迹难觅。

鹅喉羚一般在冬季交配，夏季产仔，每胎1~2仔。雌鹅喉羚产仔后与幼仔组成群体，雄鹅喉羚则单独活动，或者与其他雄鹅喉羚结成小群。

鹅喉羚的奔跑能力很强，善于在开阔的戈壁滩上迅速奔跑，或在沙柳丛中穿行。性情敏捷而胆怯，稍有动静，刹那间就跑得无影无踪。

家驴的祖先——非洲野驴

非洲野驴被认为是驴的祖先，是马科的一种。它们生活在东非的草原及其他干燥的地区，有2个亚种，即努比亚亚种和索马里亚种。努比亚亚种主要分布在努比亚和厄立特里亚，努比亚野驴外貌和驴一样，斑纹越过肩膀；索马里亚种只分布在索马里地区，其背部有细长深色的斑纹，此外索马里野驴的脚部有黑色横间的条纹，像斑马一样。在非洲野驴的颈背均有竖挺黑色的鬃毛，它们的耳朵颇大且有黑边，尾巴亦是黑色结尾，蹄较纤细，为脚的直径。

小·贴士

成熟的雄性非洲野驴会保卫自己约23千米大小的领域，并在边界摆放粪堆作为重要的记号。由于身形的问题，它们在领域中不能驱赶其他雄性入侵者，反而会容忍并当做从属看待。

非洲野驴体长约200厘米，尾长约42厘米，重约275千克。它们的耳朵比亚洲野驴的耳朵长，前腿内侧有一块黑色圆形裸斑。其体表的毛短而平滑，为浅灰色至黄褐色，不过腹部及脚部则为白色。非洲野驴的鬃毛很短，肩部有一道黑色横纹，尾部末端有长毛。

非洲野驴具有能适应干燥环境的身体构造，对水源要求不高，主要栖息于干旱或半干旱的裸岩荒漠地区，耐热性极好。它们以沙漠植物为食，主要为草、树皮及树叶等。

非洲野驴喜欢群居，一般10~15只为一个群体，每个群体由一头机警的雌驴带领，在晨昏温度较低的时候出没，正午时它们会在石山附近寻找阴凉处休息。即便是粗糙的山石，它们的行动也依然迅速敏捷，步履稳健，起跑速度可达50千米/小时。

动物界的明星——普氏野马

普氏野马又称准噶尔野马或蒙古野马，主要产于新疆的准噶尔盆地和蒙古国的干旱荒漠草原地带。普氏野马的体型十分健硕，体毛为棕黄色，向腹部渐渐变为黄白色，腰背中央有一条黑褐色的脊中线。

普氏野马与家马的区别有：第一，普氏野马的鬃毛逆生直立，而家马的鬃毛则垂于颈部的两侧；第二，普氏野马的耳朵比家马小而略尖；第三，普氏野马的额发极短，而家马则具有长长的额毛；第四，普氏野马的腿比家马的腿短而粗，腿内侧毛色发灰，蹄型比家马小，高而圆；第五，普氏野马的尾基着生短毛，尾巴粗长几乎垂至地面，而家马自始至终都是长毛；第六，普氏野马的染色体为66个，比家马多出一对。

野生的普氏野马一般生活在开阔的戈壁荒漠或沙漠地带，通常成群游荡，普氏野马的群体小的有3~5只，大的有十余只。普氏野马的群体之间在进食之后常互相清理皮肤，有趣的是，双方清理的都是同一个部位，当一方改变部位时，另一方立即相应地改变。有时，普氏野马也会自己进行自身的护理，主要方式包括打滚、自我刷拭和驱散蚊蝇等，特别是在沙地上。

普氏野马的感觉十分灵敏，警惕性高，奔跑能力强，昼夜活动，但以夜晚为多。普氏野马的食物主要是荒漠上的棱棱草、芦苇、红柳等植物，其饮水量也很大。

普氏野马的发情期为一年四季，不过以春夏季为主。普氏野马发情时表现主要有：精神兴奋、食欲减退、烦躁不安、起卧不定、互相嗅闻等。雌性普氏野马的发情周期为22~28天，持续时间为5~7天。雌性普氏野马的怀孕期约为307~348天，翌年5~6月产仔。幼仔刚出生时为浅土黄色，2小时后即可吃奶。3岁左右性成熟，寿命为30岁左右。

雄性普氏野马之间常为了争夺领群的地位而进行争斗，其争斗的残酷性和凶悍程度比家马要强烈得多。雌性普氏野马之间也有一定的攻击行为，主要是出于护食和阻止其他雌兽与雄兽交配。

小·贴士

普氏野马叫声的种类很多，争斗开始时发出声调尖而单一的吼叫；失群时发出声音洪亮而高亢的呼唤信号；感到某种满足时就发出轻微的喉音；反感时则发出尖而细的声音。更多的情况是打响鼻，表达的情感也十分复杂，大多为恐吓对方。

由于荒漠戈壁地区缺乏食物，水源不足，还经常有低温和暴风雪的侵袭，所以普氏野马生活条件极其艰苦。再加上人类的捕杀和对普氏野马的栖息地的破坏，更加速了普氏野马消亡的进程。在近100年的时间里，普氏野马的分布区急剧缩小，数量锐减，在自然界濒临灭绝。现在大多数人认为，如果自然界还有残存的普氏野马，其数量也极少，甚至不能形成种群，所以野生的普氏野马很可能已经在自然界消失。

可可西里的骄傲——藏羚羊

　　藏羚羊又叫藏羚、西藏黄羊，属于偶蹄目牛科动物。主要分布于我国青海、西藏和新疆，是青藏高原特有的珍稀动物。藏羚羊是我国特有物种，被称为"可可西里的骄傲"，它们常集成几十只到上千只不等的群体，生活在4000~5100米的高山草原和高寒荒漠上。

　　藏羚羊体长约1米，体毛丰厚绒密，呈黄褐色或淡褐色，腹部呈白色，面额和四肢有醒目的黑斑记。雄藏羚羊长有两只长而直的角，雌藏羚羊没有角。藏羚羊的听觉和视觉非常发达，四肢强健而均匀，动作敏捷，善于奔跑。它们生活的地方寒冷而缺氧，许多动物在这样的海拔高度不要说跑，就连挪动一步也要踹息不止，而藏羚羊在这里却可以60千米/小时的速度连续奔跑

长达30千米，使许多猛兽望尘莫及。

藏羚羊主要在清晨和傍晚觅食，一般没有固定的栖息地。它们生活的地方植被稀疏，只有针茅草、苔藓和地衣等低等植物，而这些就是藏羚羊赖以生存的美味佳肴。食物比较贫乏的冬春季节，它们的觅食时间会延长，所以有时白天可以看到藏羚羊在四处活动。狼是藏羚羊的主要天敌，它们常以穷追的方式捕食幼羊、老羊和受伤的羊。夏季，藏羚羊沿固定路线结群向北迁徙，到达产仔地时，它们的群体数量可达3000只以上。雌羊6~7月产仔，每胎1仔，然后它们就返回越冬地与雄羊合群。藏羚羊的寿命最长可达8年左右。

在藏羚羊重要分布区，我国先后建立了青海可可西里、新疆阿尔金山、西藏羌塘等自然保护区，成立了专门的保护管理机构和执法队伍，定期进行巡山和对藏羚羊种群活动实施监测。藏羚羊现存种群数量有7~10万只。

藏羚羊是我国一级保护动物，也是列入《濒危野生动植物物种国际贸易公约》而严禁进行贸易活动的濒危动物。

第三章

沙漠肉食和杂食哺乳动物

食肉动物反应迅速，动作灵敏、准确、强而有力。嗅觉、视觉和听觉均较发达，生活方式为掠食性，捕杀方式多种多样，或隐伏要路等待，或嗅迹跟踪、潜伏靠近，凭借利齿和锐爪为武器进行突然袭击。另一种攻击方式是长距离的追逐捕杀。杂食动物相对来说并没有明显一致的结构特征，它完全是根据动物的饮食习性而归纳出来的一类动物。简单地说，杂食动物最明显的特征就是这些动物"食物种类较多，既吃植物，也吃动物"。

沙漠强者——黑背胡狼

　　黑背胡狼又叫黑背豺，主要分布于非洲东部和南部苏丹、肯尼亚、坦桑尼亚等国境内的东非大平原上，生活在沙漠地带，喜欢栖居在洞穴中。个头较小，长相似狗，行动敏捷，常常以智胜所有竞争者而获得丰盛的美餐。它一般被认为是食腐动物。

　　在同年出生的黑背胡狼幼体中，有1/3的个体将与母亲一起度过下一年的繁殖季节。因此，经常会形成由3~5只黑背胡狼成体组成的黑背胡狼群体。在黑背胡狼群体中，非繁殖个体便充当帮手，帮助繁殖个体保护和抚育幼体。

小·贴士

　　黑背胡狼的家庭为"一夫一妻"制，雄狼和雌狼结成伴侣后将厮守一生。这在哺乳动物中是不多见的。

　　黑背胡狼幼体出生以后，发育到第3~4周的时候便可以出洞活动，不过，黑背胡狼幼体对母亲有很大的依赖性，直到第8~9周时才断奶。此后，黑背胡狼幼体还需经历3个月才能独立进行捕猎。在这段时间内，帮手们将对黑背胡狼幼体的正常发育起着至关重要的作用，它们不仅可以饲喂幼体，还可以作为保育员看护和保卫幼体，有时还会负担清理巢穴等杂活。此外，帮手们还经常与幼体一起玩耍，这样有助于黑背胡狼幼体通过玩耍学习到狩猎的技能。

绝地生命的强者——灰狼

　　灰狼是现存犬科动物中体型最大的物种，其体重和大小依据它们在全球分布地区的不同有很大差异。分布的纬度愈高，灰狼的体型也愈大。通常体长105~160厘米，平均肩高66~85厘米，雄狼体重20~70千克，雌狼体重16~50千克。而不同的亚种其体重也随地域分布有所区别，北美灰狼为36千克，欧亚狼为38.5千克，印度狼和阿拉伯狼为25千克，北非的狼仅有13千克。

　　灰狼的两个耳朵大约平行地垂直竖立，尾巴下垂于后肢之间，狼的吻部比狗长而尖，口也较为宽阔，裂齿很大，牙齿非常尖利，眼向上倾斜，位置较鼻梁为高。胸部比狗宽阔，四肢长而强健，脚掌上具有膨大的肉垫，前肢具5指，后肢具4趾，指、趾端均具有短爪，脚印呈圆形或长圆形，图案好似

梅花一般。尾巴比狗的短而粗，毛较为蓬松。

　　灰狼的体色一般为黄灰色，背部杂以毛基为棕色，毛尖为黑色的毛，也间有黑褐色、黄色以及乳白色的杂毛，尾部黑色毛较多，腹部及四肢内侧为乳白色，此外还有纯黑、纯白、棕色、褐色、灰色、沙色等色形。

　　灰狼是典型的肉食性动物，优势雄狼在担当组织和指挥捕猎时，总是选择一头弱小或年老的驯鹿或麝牛作为猎取的目标。开始它们会从不同方向包抄，然后慢慢接近，一旦时机成熟，便突然发起进攻；若猎物企图逃跑，它们便会穷追不舍，而且为了保存体力，往往分成几个梯队，轮流作战，直到捕获成功。

　　灰狼是夜行性动物，白天常独自或成对在洞穴中蜷卧，但在人烟稀少的地带白天也出来活动。夜晚觅食的时候常在空旷的山林中发出大声嚎叫，声震四野。它们的食量很大，一次能吃10~15千克食物，但当猎物容易捕到时，常有捕杀后并不吃掉的现象。在食物不足或没有食物的情况下，也有着惊人的耐饥饿能力，最多可以17天不进食，通过少活动多睡觉的方法来减少能量消耗。它们善于游泳，当遇到危险时便跳进水中，借此让身上的气味消失，以摆脱敌人的追击。有时也会从尾巴基部的小孔中分泌出恶臭的物质来攻击对方，借以逃脱。集群的时候也敢于向强敌发动反攻，并把尾巴竖起来，嘴巴触地，发出怪声怪调嚎叫，以此向同伴发出求援信号。但是它很怕火光，如果点起火堆或举起火把，顷刻之间就会跑得无影无踪。

非同寻常——更格卢鼠

　　特殊的行为、奇异的形状以及对沙漠动物群体的极大利益，这些特点结合起来，使小小的更格卢鼠成为美洲沙漠中的奇迹。更格卢鼠身高不过5厘米，但后腿过长，脚也过大，再加上3倍于身长的、生长丛毛的尾巴，使这种动物看起来好像是构造上的错误。然而这些特征却是与它的正常行动方式——跳跃——相适应的。更格卢鼠很善于跳跃，逃避敌人时，能够每秒钟跃过5米的距离。它用尾巴作舵，可以在腾越空中时作90°的转弯。虽然好争吵，但这种动物是合群的，它们栖息在地下很大的穴群中，穴有60厘米深。

 小·贴士

- -

　　如果响尾蛇游荡时威胁到更格卢鼠的洞穴，更格卢鼠就会在地上跳动，震动地面来警告响尾蛇。警告无效后，更格卢鼠就会背对着响尾蛇用后腿扬沙子，通常不饿的响尾蛇就绕道走了。

- -

　　更格卢鼠是整个沙漠中食肉动物群的主要食物，它们经常受到无情的捕猎。红猞狸、蛇、鹰、荒漠狐都喜欢吃它，并且从它的肉中取得大部分水分。虽然更格卢鼠是多汁的食物，但它一生中很少喝水。它唯一的营养是靠干种子，外加一些多汁的草和仙人掌浆肉。它依靠最严格的节约用水来维持生存。它没有汗腺，排尿极少，白天把自己封闭在洞里，以此来减少呼吸时丧失水分，并使呼出的水分得以再进入自己的体内循环。

跳着走的鼠——跳鼠

　　夏季最炎热的日子里，在戈壁荒原中行车的司机们，为了躲避白天干热的侵袭，往往喜欢在早晚开车。当夜幕降临的时候，打开车灯，在黄昏的余光中行驶，既凉爽，又舒适。奇怪的是，在车灯照着的路面上，常常会出现不停跳动的白色影子从公路上穿过。有的在强光刺激下活蹦乱跳，也有的愣在原地，常常被汽车压死。若仔细观察，就会发现它们长着细长的后腿和尾巴，会像袋鼠一样双足奔跳，非常迅速。原来这些白色的影子都是一些跳鼠，它们白天在洞里休息，到晚上才出来活动，使寂静的戈壁之夜变得热闹起来。

　　跳鼠属啮齿目跳鼠科，在我国分布较广的有毛脚跳鼠、长耳跳鼠、羽尾跳鼠、五趾跳鼠、小五趾跳鼠等。

毛脚跳鼠在我国新疆的石质戈壁及有固定或半固定沙丘的沙漠及盐土荒漠中最为常见，在胡杨林和农田附近也可见到。它有三个以上的亚种，分布在塔里木和准噶尔盆地的不同地区。毛脚跳鼠体型较大，长10~14厘米，重70~90克左右；背毛灰棕色，腹毛白色；前肢短小，只在采食和挖掘洞穴时使用，后腿长，仅长有毛绒绒的三趾后足就有6~7厘米，后腿肌肉非常发达，奔跳十分有力，快速奔跳时，一下能跳40~50厘米高、2~3米远的距离，是身长的10~20倍。跳鼠长有一条近20厘米长、尖端长有蓬松长毛的细长尾巴，可平衡身体，奔跳时在空中挥舞自如，当舵使用，既控制奔跳方向，又可做急转弯的平衡器，直竖地面，增加弹跳力量，站下时还可用它来稳定身体。跳鼠长有一双突出而贼亮的大眼睛和一对宽阔的大耳朵，很适于夜晚活动，寻找食物，发现和逃避敌害。它的触须很长，达10厘米，与身体相比，真是个"美髯公"。

 小贴士

许多动物都靠冬眠度过寒冷而灰暗的冬季。跳鼠在进入沉睡状态后，体温下降，心跳和呼吸减慢。在这漫长的冬眠期，它们依靠体内贮有的脂肪维持生命。跳鼠一年冬眠6~9个月，但每两星期会醒来一次。冬眠时，跳鼠的体温下降到稍高于冰点。

毛脚跳鼠很适应荒漠的气候环境条件，喜欢在干燥的沙丘上挖洞，洞长4~5米，有的甚至达10米，深约1米，跳鼠在这样深的地洞中生活，当然可以避过白天地面的暑热。洞口为圆形，但常以沙堵塞，形状很明显地与其他鼠类的扁形洞口区别开来。春季，当植物发芽时，冬眠的跳鼠便开始出洞活动，互相追逐，寻找配偶并交配，5月前后产仔2~5只，它与其他鼠类不同，跳鼠每年只生1胎。

跳鼠食性较广，主要以梭梭、花棒、沙蒿、白刺等植物的枝叶、花序、果实为食；它也可以用被风吹蚀露出的根茎充饥；沙拐枣、梭梭的种子，是它喜吃的点心。有时，它们也捕捉昆虫，以补充身体蛋白质。跳鼠从来不喝水，从摄食的植物得到的水分就可供身体的需要。

初秋时分，荒漠植物种子多已成熟，为了度过严冬，跳鼠也积极取食，在体内储备了大量的脂肪，到秋末前便早已入洞冬眠。

跳鼠的天敌主要是夜间活动的沙狐、赤狐、荒漠猫、猫头鹰、沙蟒，鼬科动物也能入洞捕食跳鼠。跳鼠危害沙漠里的治沙植物，在农田附近也常危害庄稼，但因数量少，繁殖慢，未见造成重大灾害。

沙漠盗贼——大沙鼠

　　春天播种季节到来的时候，我国治沙工作队都会在新疆准噶尔盆地中莫索湾治沙站，人工大面积播种梭梭种子来防止流沙。但是，两三天后再去察看，许多种沟都被翻动，成行的梭梭种子一颗不剩地丢失了。种子哪儿去了呢？经过仔细观察，原来是沙鼠在作怪。这些小家伙大白天就一只只从黑暗的洞里爬出来，两只又大、又圆、又亮的贼眼看看周围，觉得没有什么危险时，便大大方方跑到播种梭梭的沟中，沿种沟翻开沙土，仔细寻找种子，真是个聪明而大胆的盗贼！

在新疆的荒漠地带有7种沙鼠，其中，大沙鼠、红尾沙鼠、子午沙鼠、短耳沙鼠分布较为广泛，而分布在博格达山南坡山地带的郑氏沙鼠则是新疆的特有种。沙鼠均属啮齿目仓鼠科沙鼠亚科荒漠动物，其中极为典型的则是大沙鼠。

大沙鼠体长超过15厘米，体重在130克左右。眼大、耳短小，它的尾巴很粗且大，长度和身体一样长。后足掌长有密毛，很适于白天在高温的沙面上行走，并会站立起来采食，而不怕烫脚。它的体毛为淡黄色，远看和沙地一色，若是隐身不动，很难被发现。

大沙鼠的天敌很多，地上的狐狸等食肉动物，天上的鹰、雕等猛禽，几乎都是它的敌人，甚至沙蟒、乌鸦也把它当做美餐。除了钻地洞外，它再无任何自卫能力。为了使它的种族繁衍，它们便拼命地进行繁殖，忙得连严寒的冬天也不冬眠休息。当初春沙漠中的植物还未出现绿色的时候，它们便急急忙忙寻找对象，交尾成婚，修整洞穴，准备迎接鼠仔们降生。等到荒漠植物出现绿叶时，仔鼠出世了，丰富的食物，使雌鼠奶水充足，仔鼠生长很快，不到2个月就能独立生活，并能"嫁男娶女"，"成家立业"，这时雌鼠又怀了第二胎。就这样，大沙鼠每年可产3胎，每胎可生5~7个仔鼠，若不是天敌淘汰，到秋末时它们将会有个极其庞大的家族！

小·贴士

沙鼠对改造沙漠及固沙影响非常大。它们经常在农区盗食粮食，破坏水利设施，造成粮食严重损失和水土流失。同时又是多种疫源性疾病病原体的自然携带者。

大沙鼠喜欢群居生活，许多家族常挤在一块地方，这有助于发现天敌时互相报警，以逃避敌害侵袭。它们爱在灌木丛生的固定和半固定沙丘地带挖掘洞穴，一对大沙鼠有鼠洞8~9个，最多可达30个，每个洞口都有洞中排出的沙土，堆成大小不等的沙丘。当遇到敌害时便急忙跑到洞口，双足直立在地面，发出类似鸟鸣的尖细叫声，以通知同类，当敌害接近时才钻入洞中。

　　大沙鼠以梭梭树枝、猪毛菜、沙拐枣、骆驼刺、锦鸡儿等植物的柔软部分为食，更喜欢食用荒漠植物的种子。它特别爱吃10年以上老梭梭树的绿叶，能沿树干爬到2米多高的树枝上，咬断30多厘米长的枝条，拖进洞中，慢慢享用。它每年有两次储粮期，第一次在夏季，以备夏季暑热期植被焦枯时食用，另一次在秋季，以备越冬之用。一个洞群有时储存多达100千克的食物。由于它们偷懒，与"兔子不吃窝边草"相反，喜就近取食，往往在洞群密集的地方，梭梭树顶个个被剃了"光头"，十分难看。有时大沙鼠也会捕食沙漠中的昆虫，以补充体内的蛋白质。

　　为了生活，大沙鼠经常迁移，夏季多栖居于较平坦而食物丰富的沙地，入冬前则选择背风向阳坡地筑洞，储藏大量草籽和枝叶过冬。

　　大沙鼠和它的同宗兄弟一样，都是有害动物，在沙漠中，秋季几乎吃掉所有的梭梭种子，使老梭梭林不能更新，在它们数量多的地方，严重破坏了治沙植物，造成地表高低不平，使流沙再起。在农场附近，大沙鼠还啃食桃、杏等果树苗木，秋季偷盗农作物。有人曾在一个沙鼠洞中挖出多达35千克的小麦，其危害程度可见一斑。

有袋的鼠——袋小鼠

　　有袋动物分食肉有袋类和食草有袋类，食草的有袋熊、大袋鼠等100多种，食肉的有袋猫、袋狼、袋貂等70余种。

　　袋小鼠属袋鼬科，是有袋类最原始最普通的澳洲食肉有袋动物代表。袋小鼠体长仅10~20厘米，在澳洲有30多种，这一类原始的袋小鼠有发育不十分完全的育儿袋，而且都是朝后开口的。主要分布在澳大利亚大陆、中国北部沙漠地区等，体重仅4克左右。由于沙漠地区水量不足，袋小鼠通常需从植物中摄取水分，或凭借所摄取的食物，在体内制造所需的水分。这个特点有点像骆驼。

　　袋小鼠虽然样子像老鼠，但是习性和老鼠完全不同。作为食肉有袋类的成员，袋小鼠也不是吃素的，它们吃蠕虫、甲虫、蚱蜢，甚至吃老鼠。它的牙齿极为尖锐，从一边耳根长到另一边耳根，约有50枚，门齿小而尖，犬齿大而似刀，臼齿有尖锐的齿锋。它的爪子很宽，有5趾，配有爪垫，便于抓东西和爬行。能在倒悬的树干、石壁上爬行，通常在黄昏的黑夜中猎食。有些袋小鼠相当凶猛，可以捕捉到和自己体型相当的老鼠，不过因为体型太小，所以主要的食物是昆虫。

　　雌袋小鼠怀孕1个月后即产仔，幼仔仅5毫米长，每胎4~6仔，在育儿袋中生活45天后，雌鼠会将幼仔驮在背上让它生长。

偷瓜精——大耳猬

大耳猬属于食虫目、猬科动物，又叫刺猬、刺球子、刺鱼、毛刺、猬鼠、偷瓜精。这众多的别名，主要来自于它的奇特外形、行为特点和特殊的生活方式。总之，它是一种小巧玲珑、惹人注意的小型哺乳动物。

大耳猬有着一对显眼的大耳朵，整个身体肥短，体长约在17~22厘米左右，成体体重450~600克。在宽阔的头部前端长着一只尖尖的小嘴，一对敏锐的小眼睛很是逗人喜爱。它那一对又直又怪的大耳朵，长3.7~5厘米，长在头部靠后的两侧，与它的小嘴、小眼睛相比，显得很不匀称。

大耳猬的四肢和尾巴短小，爪子比较发达，有5对乳头，整个身体背部

及两侧长着直而尖的硬棘刺。在靠近背脊附近最长的硬刺可达0.25厘米以上。大耳猬头部、体腹及四肢均被毛覆盖。整个身体呈淡沙黄灰白色，硬棘的颜色为淡褐与白色相间，但棘的基部褐色较深，刺尖呈白色；头部、腹部及尾为灰白，但随着地区的不同，大耳猬的体色差异变化很大。

大耳猬是一种典型的荒漠、半荒漠动物。我国新疆、甘肃、宁夏、陕西等地是其主要产区。凡是到过沙漠地带的人，一般都熟悉这种有趣的小动物。它栖居在土洞内，尤其农田、人工林带和庄园附近数量较多。它白天隐伏在窝里，黄昏开始活动，常出没在潮湿污秽的地方，有时甚至进入房屋中活动。

大耳猬的食物主要是各种昆虫及其幼虫，也盗食一些鸟卵、雏鸟和小鼠等，有时也吃些植物性食物。它也经常窜入瓜田盗食瓜类。盗食时，首先咬断瓜梗，然后翻身滚向离藤的瓜，使其硬刺插入瓜内，最后将瓜背走，为此，当地农民把它叫作偷瓜精。

每年秋后天气转冷时，大耳猬就进入冬眠，在窝里不吃不动，蜷曲成球状，呈昏睡状态，到翌年春天，大地回暖时再苏醒过来。冬眠结束后，不久即进入配偶期，妊娠期一般为35天，每胎3~6只幼崽，有时多至8崽。刚出生的幼崽全身裸露无毛，呈肉红色，眼睛紧闭。雌兽在幼崽断乳后，可繁殖第二次。因此，大耳猬的生殖季节与冬眠期各持续半年。

大耳猬体小力弱，行动较迟缓，每当发现敌害的时候，先是逃避，当敌害逼近无法逃脱时，就赶紧把头和四肢以及尾蜷缩在柔软的怀里，棘刺全部竖立指向四面八方，成为一个解不开的"针球"。这样往往使许多狡猾的敌兽也束手无策。为此，大多数猎食的野兽都不愿意招惹大耳猬。但它遇到狡猾的狐狸时，大耳猬虽用上述方法做掩护，亦难逃脱性命，因为狐狸能把尖嘴钻入蜷曲着的腹面，然后把它抛入空中，当大耳猬落地时，已失去自控能力，随即成为狐狸的美味。

罕见的动物——荒漠猫

　　荒漠猫属于食肉目、猫科，是一种极为罕见的动物，人们对它是比较陌生的。

　　荒漠猫外形似家猫，但比家猫略大些，耳尖上有一簇毛，长约2厘米，荒漠猫从外表看上去像猞猁，但比猞猁小，尾比猞猁长。荒漠猫的头上部、身体以及四肢外侧呈灰黄色，具有不规则的黑灰或暗褐色背毛。在腰外侧一般有3~4条模糊的暗色横带，并有一条宽的褐灰色带贯于前肢内侧，头上色调虽大部似体背，但耳基部为锈褐色，耳背与体背同色；口鼻部褐灰色，脸颊部有两条模糊的灰褐色条纹，在两条纹之间为淡灰色，下唇及颌为白色，喉部沾些黄褐色；体腹为白色，尾端部分有3~4个黑环，黑环间由灰白色相隔，尾

尖黑色，尾基也有三个模糊的暗色环，但暗环之间的色调与体背相同。据有关资料报道，本种动物随产地不同，体色亦有变化。头骨的最大特点是脑颅明显，呈圆球状，鼻骨特别短。

这是一种典型的荒漠动物，在我国主要分布于甘肃、陕西、青海、新疆、内蒙古、四川和西藏，但数量均极为稀少。常年栖息在荒漠草原及高山灌丛地带，利用其他动物遗弃的洞穴或岩洞为巢，昼伏夜出。一般在清晨和黄昏时活动频繁，白天躺卧在洞穴或岩凹中休息。体毛较厚，极耐寒冷。除在配偶、哺乳期外，大都独居生活。

 小·贴士

据了解，荒漠猫也是热衷于在夜间和晨昏的时候四处活动的动物，同时也热衷独居。也就是说雄猫雌猫之间只有在每年冬天1~3月的恋爱季节才会在一起待上一阵子。它们小小的恋爱结晶一般在2个月后出生，大概有2~4只，当然，带孩子的又是任劳任怨的猫妈妈们。

荒漠猫的视觉、听觉、嗅觉均十分敏锐，能攀登悬岩，遇到危险时，或迅速逃逸，或利用其毛色卧伏地面不动，行动敏捷而谨慎。

沙漠精灵——短尾猫

　　短尾猫也叫美洲山猫、赤猞猁，主要分布于加拿大南部、美国本土到墨西哥中部一直到北回归线的广大地区。栖息地不高于海拔3600米，在半沙漠戈壁、落叶阔叶林带、松柏林带、沼泽甚至人类的居住区都有分布。各个地区的短尾猫分布密度有所不同，在佛罗里达，每100平方千米有多达500只短尾猫，而在北方，比如明尼苏达，每100平方千米只有4～5只，这取决于各地食物的多少。

　　短尾猫和猞猁有比较近的亲缘关系，两者外貌大体上相近，在过去短尾猫曾经被认为和猞猁、狞猫同种。短尾猫的体型较加拿大猞猁小一些，尾部也略有不同。加拿大猞猁尾端为黑色，而短尾猫为白色。短尾猫足部也不如猞猁宽大和多毛，耳朵比猞猁小。短尾猫虽然体型小于加拿大猞猁，但却比

它更凶猛，更难被驯服。

大多数情况下，短尾猫体色一般为红灰色或棕色，白色种短尾猫已经被发现，黑色种短尾猫只见于佛罗里达地区。和大多数猫科动物一样，它们耳朵背面也有一块白色斑点。短尾猫尾巴很短，因此得名。不过随着地域分布的差异，不同地区的短尾猫毛色体型都略有差别，总的来说大陆北部的短尾猫，体型较大，颜色较浅，而南部的短尾猫毛色渐深，体型略小。

短尾猫吃兔子、啮齿动物等小型哺乳动物，也吃鸟类、鹿、蛋、鱼、蛙类、蜥蜴、蛇等它们能抓住的一切能动的东西。在食物缺乏的时候，短尾猫也捕捉家禽，数量随着野兔的多寡而波动，因为它们的食物来源更为广泛。

北方地区的短尾猫在每年的2～6月交配，南方地区的则一年四季都能交配。雌性的发情期一般5～10天，交配期持续44天，孕期8周左右，每胎产3～4只崽。初生的幼崽体重280～340克，9天后睁开眼睛。雌雄共同养育，5周后离巢，12周断奶，5个月以后可以开始帮助母亲一起打猎，9个月大就可以独立生存并离开原先的领地。雄性24个月、雌性12个月性成熟，野生的短尾猫寿命为13年，圈养的则可活到33岁。

短尾猫也是一种独居动物，雄性领地2～200平方千米，并包括多只雌性的领地，雌性一般1～60平方千米。雄性用尿液和粪便来标示出属于自己的每一寸领地。通常情况下，它们在夜晚比较活跃，属于夜行性动物。

短尾猫在自然条件中会受到体型更大的猫科动物的伤害，比如美洲虎、美洲狮和加拿大猞猁。另外，人类为了获得它的皮毛，疯狂对其进行猎杀，使得它们的数量锐减。目前，短尾猫已被列入《国际动植物种贸易公约》附录中，禁止对其任意捕杀和进行国际贸易。

酷爱清洁——塔里木兔

　　塔里木兔是兔形目，兔科动物，又叫莎车兔，是体型较小而毛色较浅的一种野兔。成年塔里木兔，每只体重1.5~2千克，体长40厘米左右。它和其他兔子一样，上唇开裂，还有一对视野不重叠的大眼，因而有兔子撞在树干或猎人腿上，以至出现"守株待兔"的故事。它耳朵很长，约10厘米左右；听觉较其他兔子发达；塔里木兔前腿短而后腿长，且强健有力，适于跳跃。夏季毛色背部沙褐，体侧沙黄，腹部全白。冬季毛色更浅，背部变为沙棕色，与冬季沙漠中的景色更加协调，十分有利于隐蔽。

　　塔里木兔是塔里木盆地荒漠中的典型栖居动物，主要在盆地绿洲和各种不同类型沙漠中活动，特别是在叶尔羌河、和田河和塔里木河沿岸胡杨林及

红柳为主的沙丘地带，数量最多。它们多单只活动，有时也有数只的小群。

塔里木兔的食性很广，除许多种草类及灌木嫩树枝外，也盗食各种青苗及瓜类。它"酷爱"清洁，常常坐在地上，用两只前爪"洗脸"，修饰面颊和体毛。但是，却也有把嘴贴在肛门上吃自己粪便的坏习惯。其实，这是一种特别的粪便，含有56%助消化菌类及25%纯蛋白的被一层薄膜包着的软黄球。塔里木兔由于天敌众多，死亡率很高，为保持种群的繁衍，它们只能用很高的繁殖率来弥补。可以说，体型像它这样大的野生动物中，兔子的繁殖能力可算为最高。塔里木兔没有固定的配偶，在发情期，雄兔间也有激烈的争偶现象。雌兔一般每年产2~4胎，每胎2~5仔，兔奶的营养是家兔的5倍，因而仔兔长得很快，出生1周就会啃食嫩草，并且秋季就能交配繁殖，这也与当年气候条件和食物丰盛程度有关。所以，在生活条件好的地区，塔里木兔数量增长很快。

塔里木兔虽然很懦弱，但它也有一套自卫的本领：它有着极为强健有力的四肢，能迅速奔跑，一跳就是5米，以逃避敌害。每跑一段距离后能稍稍休息进行观察，判断"敌情"，以决定再跑的方向或是隐蔽。它长有大而长的耳朵，会前后转动180°，能听到四周很远的地方的细微声音，及早发现"敌情"。它善于隐蔽，加上它的保护色，能潜伏在灌木丛中一动不动，加之它的汗腺在足掌上，这时把足掌藏在身下，就不易被敌害发现。此外，它还会游泳，以渡过小河和溪流。在敌害追急时，它还会"潜水"，抓住一株植物，身体隐没于水中，只露出鼻尖呼吸，能隐蔽很久。

俗话说："狡兔三窟"。一般在繁殖期，塔里木兔有较固定的繁殖洞穴，但在其他时候，并不止三窟，有时随意在灌木丛，或浓密树林下的草丛中，挖一浅穴，以便过夜。在冬季降雪后，它们则有在回洞穴前兜圈子，隐蔽自己足印的习惯，可以使尾随的追捕者迷失踪迹。"兔子不吃窝边草"，此话倒不假，它们留下窝边草，有助于隐蔽巢穴。

塔里木兔在紧急时也会和鹰拼死搏斗：当它在空旷的草地上，发现有鹰俯冲下来时，便急忙抱起一块石头或土块，翻身躺在地上，使猛禽利爪不易抓住它，甚至还会用强有力的后腿猛蹬鹰的胸脯，致使鹰心脏受伤致死。若附近有树林或岩穴，它便迅速钻入其中隐藏起来。

大漠精灵——兔狲

生活在我国新疆荒漠地带的野生动物兔狲，也叫羊猞猁，又名玛瑙。它是食肉目猫科小型夜行性兽类，体型大小似家猫，体长60厘米左右，重2~3千克，拖着20多厘米长的粗尾，身体粗壮而短，强健的四肢奔跑甚速。耳短且宽圆，有长毛尖，生于头的两侧，与猫相比，耳距很大，好像耷拉在两旁。长棕灰色毛的头上有许多黑色斑点，而颈与体背及四肢则为褐棕黄色，上面均匀分布着10条左右不甚明显的黑色横纹，在尾巴上也有6~7条黑色横列细环，喉和前胸深栗褐色，腹面白色。它长有和猫一样能伸缩的利爪趾，善于攀登和奔跑。

兔狲分布于准噶尔盆地和塔里木盆地周围。喜欢在荒漠、半荒漠草原和砾质戈壁地带活动，胡杨林中、低山丘陵也可见到它。它一般单独栖居，住在岩石裂缝里、石块下面，或挤进红柳沙包下的兔子洞穴，或是借住在草原上的旱獭洞穴中。主要在夜晚出来觅食，以晨昏活动最为频繁，而在荒无人烟的沙漠深处，有时白天也出来活动。

 小·贴士

兔狲有几个特征和其他的猫科动物有所区分。它的脚短，臀部较肥重，且毛发也很长、很厚。这使得它看起来特别地矮胖且多毛。毛发会随着季节而改变，冬天时会较灰且较不花。它的耳朵位置较低，且有一副貌似猫头鹰的面容。

爱捉老鼠是猫的本性，兔狲也和猫一样，爱吃鼠类，尤其喜欢捕捉黄鼠、沙土鼠、跳鼠等，各种野禽也往往被当做它的点心。在草原上，它甚至能捕食和自身差不多大小，但要重一倍多的旱獭。当野外食物缺乏时，饥饿会迫使它大胆潜入居民点的房屋附近，捕捉家鼠充饥，有时甚至盗食家禽。

早春二月，正是兔狲的动情交配期。为了求爱，在半夜三更，它们就会像"夜猫子乱叫"那样，发出比猫叫声更为尖厉、粗野而刺耳的高亢嗥叫声，在荒野地里传得很远。若是同时出现几只雄兔狲，那叫声就更为热闹，成为悠扬的大合奏，同时也就会出现一场激烈的争偶决斗，获胜的一方才有资格与雌兔狲交配。兔狲实行"临时夫妻"制，短暂的"蜜月"过后，便各奔东西。4~5月份，当冬眠的鼠类在地面上大量出现时，雌兔狲也到了临产期，一般每胎生3~4仔，有时多达6仔，由雌兔狲单独哺育抚养。这时，它还得把幼仔隐蔽好，因它们的"爸爸"若寻到，就毫不客气地把它们当老鼠一样吃掉。为了喂饱幼仔，雌兔狲特别辛苦，比平常更大量地捕杀鼠类。狼、猞猁、狐狸及金雕等是兔狲的主要天敌。

沙漠之王——美洲狮

　　猫亚科的最大的动物是美洲狮，它的体长一般为1.3~2米，尾长约1米，肩高55~80厘米，体重35~100千克，雄性美洲狮的体重要比雌性要大出40%。

　　美洲狮是单色的大型猫科动物，其体色从灰色到红棕色都有。热带地区的美洲狮的体色更倾向于红色，北方地区的美洲狮的体色多为灰色。美洲狮的腹部和口鼻部都呈白色，眼内侧和鼻梁骨两侧有明显的泪槽。美洲狮的四肢和尾巴都又粗又长，后腿比前腿长，这有利于它们轻松地跳跃并掌握平衡。美洲狮有着宽大而强有力的爪子，这有利于它们攀岩、爬树和捕猎。

　　美洲狮一般生活在半沙漠地带，喜欢在隐蔽安宁的环境中度过一生。它们不善合群，群体通常只有母子，它们共同守护领地，用尿液标出边界。雄

性的领地大于雌性，并且在一头雄性的领地内有多只雌性。美洲狮的叫声非常响亮，但不能吼叫，只能发出刺耳而尖锐的高鸣。

美洲狮通常在春末夏初时繁殖，繁殖期间，雌性美洲狮会在山洞里或在某一隐蔽的地方生下幼崽。雌性美洲狮一般是单独抚养自己的后代，幼崽出生后，雌性美洲狮会把它们舔得干干净净。初生的美洲狮幼崽是闭着眼睛的，大约需要2周的时间，它们的眼睛才能睁开。在这期间，美洲狮幼崽除了起来吃奶外，大部分时间都用来睡觉。

刚出生的美洲狮幼崽完全依靠雌性美洲狮过日子，从妈妈那里得到它们所需要的食物、温暖和安全。但是，为了生存，美洲狮幼崽必须逐渐学会许多东西。当美洲狮幼崽长到3个月大的时候，雌性美洲狮便带它们外出。雌性美洲狮会先非常耐心地把自己的幼崽们聚集起来，然后带它们到存放猎物的地方去。不过，在大多数时候，雌性美洲狮去捕猎时只会带一只幼崽出去，而把其余的留在窝里，因为这样才能更好地训练它进行捕猎。

美洲狮的天敌主要是美洲的黑熊、棕熊和狼。熊是有名的食腐动物，它们喜欢白白享用别人囊中的美食。虽然美洲狮比较凶猛，但是熊从美洲狮口中夺走猎物，并不用花费太大的气力，美洲狮很少会对熊采取暴力抵抗，无论多不情愿，美洲狮通常都会放弃猎物，把美食让给熊。而在美洲狮和狼群的冲突中，美洲狮经常成为狼群的手下败将，饥饿的狼群有时会将美洲狮作为果腹的食物。

速度之王——猎豹

猎豹又称印度豹，是猫科动物的一种，也是猎豹属下唯一的物种，现在主要分布在非洲与西亚。同其他猫科动物不同，猎豹依靠速度来捕猎，而非偷袭或群体攻击。猎豹是陆上奔跑最快的动物，全速奔驰的猎豹，时速一般可以超过120千米，是普通人的5倍，相当于人类中百米世界冠军的三倍快，但不能长时间奔跑，长期奔跑会导致猎豹体温过热，甚至导致死亡。猎豹不仅是陆地上速度最快的动物，也是猫科动物成员中历史最久、最独特和特异化的品种。

猎豹有两个亚种，一个是非洲亚种，一个是亚洲亚种。猎豹主要分布于非洲，曾生活在亚洲的印度，印度的猎豹现在已经灭绝。在北美的得克萨斯、内华达、怀俄明曾发现了目前世界上最古老的猎豹化石，那时候的猎豹大约是生存在一万年以前，是地球上最后一次冰期。所谓的冰期是由于地球气候变冷，在地球的两端，南北极两端覆盖着大面积的冰川，就称为冰期。那时，猎豹还广泛分布于亚洲、非洲、欧洲和北美洲。当时的冰期气候变化导致大批动物死亡，这时候就使得在欧洲和北美洲的猎豹以及亚洲、非洲部分地区的猎豹都灭绝了。

猎豹的外形和它们其他多数的猫科动物远亲不怎么相像。它们的头比较小，鼻子两边各有一条明显的黑色条纹从眼角处一直延伸到嘴边，如同两条泪痕，这两条黑纹有利于吸收阳光，从而使视野更加开阔。它们的身材修长，体型精瘦，身长约140~220厘米，高约75~85厘米。它们的四肢也很长，还有一条长尾巴。猎豹的毛发呈浅金色，上面点缀着黑色的实心圆形斑点，背上

还长有一条像鬃毛一样的毛发（有些种类的猎豹背上的深色"鬃毛"相当明显，而身上的斑点比较大，像一条条短的条纹，这种猎豹被称为"王猎豹"。王猎豹曾被认为是一个独立亚种，但后来经研究发现，它们独特而美丽的花纹只是基因突变的产物）。猎豹的爪子有些类似狗爪，因为它们不能像其他猫科动物一样把爪子完全收回肉垫里，而是只能收回一半。

猎豹经常栖息于丛林或疏林的干燥地区，有时也游走在荒漠边缘。猎豹平时独居，仅在交配季节成对，也有由母豹带领4～5只幼豹的群体。以羚羊为主要食物。除以高速追击的方式进行捕食外，也采取伏击方法，隐匿在草丛或灌木丛中，待猎物接近时突然窜出猎取。母豹1胎产2～5仔。寿命约15年。

猎豹的猎物主要是中小型有蹄类动物，包括汤姆森瞪羚、葛氏瞪羚、黑斑羚、小角马等。为了追求更高的速度，猎豹渐渐进化得身材修长，腰部很细，爪子也无法像其他猫科动物那样随意伸缩，在力量方面也不及其他大型猎食动物，因此无法和其他大型猎食动物如狮子、鬣狗等对抗，虽然捕猎成功率能达到50%以上，但辛苦捕来的猎物经常被更强大的掠食者抢走，在这样的情况下，猎豹会加快进食速度，或者把食物带到树上。非洲的马塞族人对猎豹也不太友善。马塞族是游牧民族，他们不会随意猎杀野生动物，因为他们认为只有自己放养的牲口才适宜食用，但他们会用手中的长矛抢走猎豹的猎物，不是为了吃，而是用来喂狗，这样它们便可省下喂狗的食物。可怜的猎豹只能重新捕猎，但高速的追猎带来的后果是能量的高度损耗，一只猎豹连续追猎5次不成功或猎物被抢走，就有可能会被饿死，因为它们再没力气捕猎了。幼豹的成活率很低，2/3的幼豹在1岁前就被狮子、鬣狗等咬死或因食物不足而饿死。

致命獠牙——野猪

野猪又称山猪，分布范围很广，除澳大利亚、南美洲和南极洲外，世界各地均有分布。野猪是一类偶蹄目猪科猪属的动物，在不同的大洲有不同的种类，其中比较奇特和典型的种类有非洲红河猪、须野猪、鹿豚、疣猪、西貒等。

野猪是一种普通但又使人捉摸不透的动物，大多集群活动，一般4~10头成一群，栖息于山地、丘陵、荒漠、森林、草地和林丛间，喜欢在泥水中洗浴。目前尚不清楚其是否具有夜行的习惯，但它们一般白天不出来活动，中午进入密林躲避阳光，晨昏时分才出来觅食。它们大多在熟知的地段活动，每群的活动范围一般为8~12平方千米。另外，它们一般在领地中央的固定地

点排泄，粪便的高度有时可达1.1米。

雄性野猪打斗时，互相从距离20~30米远时开始突袭，失败者翘起尾巴逃走，而胜利者则用打磨牙齿来庆祝，并以排尿来划分领地。野猪打斗时可能造成头骨骨折甚至死亡，因此雄性野猪喜好较长时间地在岩石、树桩和坚硬的河岸上摩擦其身体两侧，以此把皮肤磨成坚硬的保护层，避免在搏斗中受到重伤。在与其他群体发生冲突时，雄兽负责守卫群体，通过哼哼的叫声与种群进行交流。

小贴士

有人发现，在欧洲阿尔卑斯山上，有种野猪会"气功"。原来，冬天野猪为了尽快下山觅食，会立刻"运气"，使身体呈圆桶状，然后滚下山。这样，不论山多陡、石头多硬，也不会伤到它。

野猪的嗅觉敏锐，它们甚至可以用鼻子分辨食物的成熟程度，甚至可以搜寻出在2米厚的积雪下埋藏的一颗核桃。雄性野猪还能凭嗅觉来确定雌性野猪的位置。除此之外，野猪的鼻子还十分坚韧有力，其力度之大甚至可以推动40~50千克的重物，因此野猪常常把自己的鼻子当做武器或用来挖掘洞穴。

野猪十分善于奔跑，在被猎犬追逐时，它们可以连续奔跑15~20千米。野猪常常在河川中的沙洲上睡觉，这样，一旦遇到危险，它们便可以立即渡河而去，以确保自身的安全。

虎、狼、熊、豹、猞猁等野生动物都是野猪的天敌，因此野猪必须时刻警惕任何可能的突然袭击。野猪机灵凶猛，警惕性很强。它们身上的鬃毛既可以起到保暖的作用，又可以用来向同伴发出警告。当遇到危险，野猪会立即抬起头，突然发出"哼哼"的声音，同时倒竖起鬃毛，警告敌人。而且，即使是豹也不好对付野猪的长獠牙，在遇到野猪群时，豹不敢贸然进攻，只会在远处进行咆哮恫吓，然后追逐在逃窜中落单的野猪。

雌性野猪一般18个月性成熟，雄性则要3~4年，它们是"一夫多妻制"。

发情期的雄性之间要发生一番争斗，胜利者占据统治地位。它们的繁殖期集中在1~2月或7~8月的雨季之前。雌性野猪妊娠期112~130天，每胎2~6仔，有时甚至多达11仔，幼崽在8~10周时断奶。雌性野猪可谓"英雄母亲"，群体中的任何一只雌性野猪都会照顾幼崽。它们通常在将要分娩的几天前就开始寻找合适的位置建造"产房"。"产房"一般选在隐蔽处，它们叼来树枝和软草，铺垫成一个松软舒适的"产床"，为刚出生的幼崽遮风挡雨。

野猪的繁殖率和幼崽的存活率都很高。食物丰富的时候，一头最佳年龄的雌小生野猪一年能生产2次。幼崽出生后，身上的颜色会随年龄变化：从刚出生到6个月期间，幼崽身上有土黄色条纹，可以很好地伪装自己，之后条纹逐渐褪去。在2个月到1岁期间，它们的身上是红色的，直到1岁以后，野猪进入成年期，身上的颜色才变成黑色，常被人们称为"黑野猪"。野猪在出生后的一年内，体重能增加100倍，这种生长速度在脊椎动物中是罕见的。

灭鼠功臣——沙狐

　　狐狸有许多种，主要有分布在森林、草原和绿洲中的赤狐，有生活在草原、荒漠中的沙狐，有昆仑山、阿尔金山高山地带的藏狐。按体型，以赤狐最大，体长大于70厘米，毛色红棕为主，可算是狐狸中的"老大哥"。藏狐身材中等，背毛棕褐色为主，而以沙狐最小。

　　沙狐同它的同族兄弟一样，都属食肉目犬科兽类，体长50～60厘米，尾长25～35厘米，体重2～3千克。毛长而柔软，夏毛近淡红色，冬毛淡棕色，耳背和四肢外侧灰棕色，鼻周、腹面和四肢内侧为白色，尾末端灰黑色，外貌不及赤狐华丽。

　　它四肢短，尾粗大，耳尖。吻部有长须，既是测量洞口宽窄的尺子，也是辨别食物的感官。

　　沙狐主要分布于青海、甘肃两省广阔的草原、丘陵和荒漠等人烟稀少的地方。另外，陕西、宁夏及新疆境内也有分布。开阔的草原及半荒漠草原，还有沙漠边缘地带，是沙狐喜爱活动的地方。它平时无固定的住所，是个"流浪汉"，走到哪里，吃住就到哪里，多在旱獭的废弃洞、红柳包、胡杨树下的洞中栖居，白天蜷缩在洞中，抱尾而眠，夜晚出来活动。它的听觉、嗅觉极为发达，生性多疑，性格狡猾。它的行动极为敏捷，神出鬼没，虽有众多的天敌，如天空中的金雕、猎隼、胡兀鹫，地面上的棕熊、雪豹、狼和猞猁，但仍保持着自己家族的繁荣。

　　在严冬季节，当西伯利亚寒风呼啸、不断吹来鹅毛大雪覆盖大地的时候，正是荒原上沙狐寻找配偶、"谈情说爱"、开始建立小家庭的日子。黄昏后，动情的雌狐便坐在沙土丘上，头向空中扬起，整夜吠叫："呜——"音细而长，

近似小狗的长鸣，以引诱雄狐。而远在数千米之外的雄狐回答的叫声，短促而更为性急，若几只雄狐同时集聚到雌狐身边，便会互相争斗，在雪地里跟随雌狐奔跑滚打。争斗得胜的雄狐便与雌狐结成伴侣，兴奋地一起在雪地中翻滚，尽情玩乐，把深厚松软的雪地当做"洞房"，以度"蜜月"。它们共同在雪下找寻不冬眠的沙鼠当做美餐，一起采摘干枯的野果充饥。

　　"蜜月"过后，沙狐便为小宝宝的出世忙碌起来，在人迹罕至的地方，寻找或挖掘洞穴。当怀胎两月的狐崽生下来的时候，有趣的是，也正值冬眠的黄鼠、跳鼠等出蛰的日子，雌狐便有了充足的营养，以哺育狐崽。狐狸每年只生1胎，一般每胎3～5仔，在食物丰富的年份，可多达10余仔。当狐崽长到会吃食物的时候，地面上也便出现了黄鼠、沙鼠等鼠类的幼仔，好像是大自然专门为它们准备的可口点心。这时，狐父狐母也更为忙碌，捕捉更多的鼠类，以饲喂胃口越来越大的仔狐。再晚些时候，便捕来还活着的鼠类，供幼狐玩耍，并教它们捕捉。白天，有时带它们到洞口玩耍，好奇的狐崽们逗弄灌木、小草或飞虫，或互相追逐扑打，无形中就锻炼了自己生存的能力。再大些后，父母便带它们出去学习捕猎、采食，并防御来自天上和地面的天敌袭击。当秋季来临，幼狐们能够独立生活时，这个狐狸"家庭"便随之解体，老狐将幼狐一一逐出，各自寻找自己的出路。

挖洞高手——猫狐

　　猫狐又被称为墨西哥狐、北美长耳狐，通常栖息在北美洲西部的平原和荒漠中。猫狐的耳朵很大，尤其是在娇小的体态衬托之下，更是显得巨大。在夏季，成年猫狐背上的毛介于浅黄色和黄灰色之间；到了冬季，成年猫狐背上的毛就会变成灰褐色。不过，无论冬夏，成年猫狐腹部的毛总是呈白色，尾毛呈浅黄色或黄灰色，而尾尖的毛则呈黑色。

　　猫狐是夜行性食肉动物，其食物主要有鼠、兔和昆虫等。不过，猫狐的食性也相当多样，在主食肉食以外，它们有时也吃一些植物。

　　猫狐的奔跑速度很快，身形转换也十分敏捷灵活，但耐力不持久。狼、山猫和猛禽等是猫狐的天敌，为了能及时躲避天敌的袭击，猫狐会不停地在它的活动区域内挖洞。猫狐挖洞的本领很强，一只猫狐一年里挖的洞穴甚至要超过60个。但是，由于猫狐不停地挖掘和其他一些原因会引起洞穴意外坍塌，因此经常造成幼狐被压死的惨剧。

　　猫狐的幼狐一般10周后就可以断奶，22个月时成年。不过，大约在幼狐1周岁的时候，猫狐的父母就会将它们赶出家门，让其自谋生路。

　　随着经济的不断发展，猫狐的厄运开始降临。猫狐的经济价值虽然不高，但用来作为练枪法的靶子和供人取乐的猎物确实不错，再加上猫狐有时会毁坏农作物，人们开始了对猫狐的大肆猎杀。随着"人祸"的频频袭来，猫狐的数量开始急剧下降。1903年，南加利福尼亚的猫狐首先灭绝了，随之，其他地区的猫狐也纷纷走到了灭绝的边缘。

狡猾的象征——狐狸

在东亚古代传说中，多年修炼的狐狸可以成狐狸精，变成人形，发人语，譬如章回小说《封神演义》中迷惑纣王的妲己就是吸去人的魂魄，再由她的躯壳变成绝色美女。文言短篇小说集《聊斋志异》中很多篇目都与狐狸精有关。《山海经》中亦有九尾狐的记载。日本亦有玉藻前的白面金毛九尾狐传说，同时也因为是务农社会而狐狸会替农家抓捕破坏农作物的田鼠、野兔等，所以亦被视为稻荷神的使者。

狐狸是食肉目犬科动物。一般所说的狐狸，又叫红狐、赤狐和草狐。狐狸在野生状态下主要以鱼、蚌、虾、蟹、蛆、鼠类、鸟类、昆虫类小型动物为食，有时也采食一些植物。

狐狸一般生活在森林、草原、半沙漠、丘陵地带，居住于树洞或土穴中，

傍晚出外觅食，到天亮才回家。由于它的嗅觉和听觉极好，加上行动敏捷，所以能捕食各种老鼠、野兔、小鸟、鱼、蛙、蜥蜴、昆虫和蠕虫等，也食用一些野果。因为它主要吃鼠，偶尔才袭击家禽，所以是一种益多害少的动物。因此，故事中的狐狸形象绝不能和狐狸的行为等同起来。

狐狸有一个奇怪的行为：一只狐狸跳进鸡舍，把12只小鸡全部咬死，最后仅叼走一只。狐狸还常常在暴风雨之夜，闯入黑头鸥的栖息地，把数十只鸟全部杀死，竟一只不吃，一只不带，空"手"而归。这种行为被称为"杀过"。其成因可能是出于本能，也可能是受到某种刺激而引起的，或者是两种原因兼而有之。

狐狸平时单独生活，生殖时才结小群。每年2~5月产仔，一般每胎3~6只。幼崽5个月后可以独立生活。它的警惕性很高，如果谁发现了它窝里的小狐，它会在当天晚上"搬家"，以防不测。

神秘狐仙——耳廓狐

耳廓狐体长35~45厘米，尾长17~30厘米，体重1~1.5千克。吻短。耳廓呈三角形，耳内侧为纯白色，外侧为浅黄色。眼大，眼前部有一块清晰的褐色斑纹。体毛近乎白色，略带浅黄色，毛长而蓬松、柔软，背中线为肉桂褐色，腹部及四肢内侧为白色。尾毛厚密，为赤褐色，近尾基部有一块黑斑，尾尖呈黑褐色。

耳廓狐大都分布于非洲埃及、利比亚、阿尔及利亚、突尼斯、苏丹、摩洛哥、埃塞俄比亚和亚洲阿拉伯半岛一带。栖息于沙漠地带。白天隐藏在洞穴中睡觉，傍晚以后出来活动。一般6~10只为一群活动。耳廓狐以昆虫、蜥蜴、啮齿动物及鸟类为食，也吃少量植物性食物。听觉和视觉都很敏锐。耳廓狐繁殖期不固定，雌兽的怀孕期为2个月，每胎产2~5仔。10~11个月性成熟。寿命为14年。

 小·贴士

耳廓狐可爱的样子让人很容易联想到宠物。据了解，在当地很多人将耳廓狐捉回家饲养，而许多小耳廓狐都是因为无法适应独居生活和水土不服而死亡。随着数量的逐年减少，如今这种沙漠之狐已经被列入国际濒危保护动物的行列了。

耳廓狐的眼睛十分适于夜间视物，这是因为它的眼球底部生有反光极强的特殊晶点，能把弱光合成一束，集中反射出去。耳廓狐的眼睛在黑夜里常常是发着亮光的，这给它们涂上了一层神秘的色彩，因此耳廓狐又有"狐仙"之称。

带有"雷达"的动物——大耳狐

　　大耳狐是大耳狐属唯一的一种，它们是生活在非洲草原及荒漠地带的犬科动物，因耳朵巨大而得名。大耳狐的耳长可达13厘米，体毛为黄褐色，耳、腿和脸的一部分为黑色，由于它们是夜行动物，所以听觉非常灵敏。

　　大耳狐主要以昆虫为食，昆虫占到它们食物的80%，由于这个原因，它们的牙齿要比其他犬科动物小许多。它们常吃的昆虫有白蚁、蝗虫等，偶尔也会吃啮齿类、鸟类、卵和水果。

　　沙漠中的夜晚是非常危险的，不过大耳狐却行动自如，因为它们的两只耳朵像"雷达"一样，很容易就能搜索到隐藏在地下的食物。依靠发达的听觉，它们甚至还能捕食蝎子。

　　大耳狐最友好的邻居莫过于灰沼狸了，大耳狐能赶走胡狼，这样既保护了自己的后代，也保护了灰沼狸的儿女；同时灰沼狸的预警系统很灵敏，遇到危险，就会发出警报，使大耳狐一家逃过灾难。

　　一到繁殖季节，大耳狐便会开始寻找自己的伴侣，它们通过留下的气味彼此传递信息，表达爱意。如果一只雄狐留下自己的气味，雌狐对它有好感的话，便会在那气味上也留下自己的气味。

大漠中的瞭望者——獴

　　獴属于灵猫科动物，外形较像猫，它们能以臀部和后肢支撑站立，就像"哨兵"一样。獴的体型较小，身长、尾长，但谁也不会想到这个小家伙居然是蛇的天敌，它们动作快如闪电，能不停地对蛇发动攻击。

　　獴喜欢群居，它们一起觅食，一起居住，也一起保卫自己的领地。每当成年獴外出觅食时，必定会有一两只长辈主动承担起在家中照顾幼獴的工作。

　　獴是獴属的通称，其中一些獴类体型虽小，但可以用敏捷的动作战胜毒蛇，是最著名的食蛇动物，是毒蛇的天敌。它们以吃蛇为主，也猎食蛙、鱼、鸟、鼠、蟹、蜥蜴、昆虫及其他小型哺乳动物。它们不仅有与蛇搏斗的本领，而且自身也具有对毒液的抵抗力。獴属共14种，分布于亚洲和非洲的热带和

温带地区，种类较多；非洲集中了半数以上的獴类，仅马达加斯加岛上就有9种獴。

獴经常雌雄相伴，有相互救助的习性。雌性獴携幼仔出游时，常发出"咕咕"的叫声在前引导。其嗅觉异常灵敏，当发现地下有蚯蚓、昆虫幼虫时，立即用前爪和吻鼻端拱土挖掘。当一群獴觅食时，总有几只轮流充当卫兵，站在高处警觉地观察四周，一旦有敌情就会以叫声警告同伴。在獴的群体里，年长的照顾年幼的，体魄强壮的救助病弱的。它们相互依靠，紧密团结，共同对付一切来犯者的攻击。

獴是反复生殖的动物，一年到头随时都可以繁殖，但大多在较暖的时候生产，它平均每胎生3只，一年可生3胎。为了求偶交配，雄性獴会打到雌性獴屈服为止，然后就开始交配，雌性獴的怀孕期一般持续约11周。

互助典范——细尾獴

　　细尾獴也叫猫鼬、灰沼狸、獴哥、海岛猫鼬。细尾獴主要分布在非洲南部的安哥拉、纳米比亚、博茨瓦纳和南非的开阔的沙漠和岩石地区。

　　细尾獴的体型十分纤细，雌性细尾獴比雄性细尾獴略大。细尾獴的毛色灰黄带红，背部有深色横纹。细尾獴的鼻子、耳朵和眼睛周围都是黑色，其肚皮毛色浅而且毛发稀疏。细尾獴的每个脚都有4个脚趾，它的爪子非常坚硬。细尾獴的尾巴和身体一样长，并且很细。

　　细尾獴的食物主要是昆虫，例如毛虫、蛆、蝴蝶、白蚁、蟋蟀等，此外，细尾獴还喜欢吃蝎子、蜘蛛和蚯蚓。有时候，细尾獴也会吃一些小型蜥蜴、

植物和小鸟的蛋。

细尾獴是地栖动物，一般过着群居生活，细尾獴群落通常拥有3~30只成员，它们的群体领地面积大约15平方千米。细尾獴一般在庞大的地下迷宫般的洞穴中休息、产崽。

细尾獴只在白天活动，晚上就蜷缩在洞穴里相互取暖——不要认为沙漠里晚上很热，其实非常冷。白天细尾獴用后肢站立起来观察四周，群体成员相互非常关心，而且排外。不过雄性细尾獴经常搬迁到其他群落去，而它们的姐妹们却只待在出生的群落里。

当黑夜结束白天来临，群体成员会聚集在入口附近相互梳理毛发，然后一起去觅食。细尾獴用坚硬的爪子挖掘地面——这是一项集体活动，每个成员都参加，但是哨兵除外，它们要站在附近的高地上或者树上留心四处的危险。

小·贴士

细尾獴是非洲最具特色的动物之一，一群猫鼬站立起来四处张望的情景可以说是非洲原野的象征，所以这种警觉的小动物成了动画片《狮子王》中的大活宝"丁满"。

细尾獴怀孕期是77天，交配期在9~10月，小细尾獴出生在11~12月，通常是2~5只1胎，每只有25克重。10天大的时候睁开眼睛，3~4周才断奶。它们完全独立要到7个月大。每群的雌细尾獴往往同时生产，雄性们很乐意照顾孩子。细尾獴在1岁大时性成熟，最高寿命12年。

细尾獴很会给小细尾獴们"上课"，而且在捕食训练中先给死蝎子，再给已经受伤的蝎子，然后再换成活蝎子。野生动物通常是靠被动地观察同类来学习，而细尾獴却主动开"补习班"。细尾獴会把一些如蚱蜢、蝎子等猎物带给饥饿的幼崽，让它们练习捕食技巧。如果蚱蜢在训练中从小细尾獴跟前跳开，"老师"会把逃走的猎物捉回来，推到小细尾獴面前，让它们继续练习。老细尾獴甚至会把训练用的蝎子先行除去毒针，以免蜇到小细尾獴。它们这种相互帮助、忠心耿耿的表现，被科学家们称为哺乳动物中的"互助典范"。

细尾獴群体中的每个个体都承担一定的"社会工作"，且成年细尾獴会积极照料群体的下一代，而不考虑小细尾獴与自己有无亲属关系。有些细尾獴甚至终生不考虑繁殖自己的后代，而把一生用来照料其他同伴的后代。

科学家认为，细尾獴之所以不像其他多数哺乳动物那样只悉心照料自己的后代，是因为它们个体相对较小，体长只有30厘米左右，需要依靠集体的力量共同面对各种生存挑战。一般而言，细尾獴幼体的自然存活率仅为1/4，而约一半的成年细尾獴会成为山雕、眼镜蛇等天敌的牺牲品。只有群体数量越大，细尾獴才有更多力量繁殖、照料后代并与天敌及各种灾难抗衡，使其种群生存率得以提高。

世界上最无所畏惧的动物——蜜獾

　　蜜獾是鼬科蜜獾属下唯一一种动物，分布范围很广，在非洲、西亚及南亚、阿拉伯直到欧洲。蜜獾生活在各种植被类型的地带，包括开阔的草原及水边，雨林中也可以见到。它们以"世界上最无所畏惧的动物"被收录在吉尼斯世界纪录大全中数年之久。

　　蜜獾一般在黄昏和夜晚活动，常单独或成对出来，白天在地洞中休息。其体型与鼬科动物相近，身长525~800毫米，尾长230~300毫米，体重4.1~11.8千克。它的皮毛松弛而且非常粗糙，毛色深褐或灰色，喉部及臀部具有白色块斑，背部为灰色，吻为浅粉色。

　　蜜獾有着相当厚实的身体，宽阔的头部，小小的眼睛，平钝的鼻子，以

及从外观上几乎看不出来的耳朵，腹部长有育儿袋。蜜獾的雄雌体型差异很大，雄性的体重比雌性重，约为雌性的2倍左右。蜜獾有着柔软、韧性十足的手指，可以做出一些令人瞠目结舌的高难度动作。

蜜獾的食物多种多样，是杂食性动物，它的食物包括小哺乳动物、鸟、爬虫、蚂蚁、腐肉、野果、浆果、坚果等。蜜獾的胃口十分好，从不挑食，有什么就吃什么。蜜獾是出了名的贪吃，从不放过任何一个美餐的机会，它可以在30分钟之内吃下差不多相当于自己体重40%的食物。因此，蜜獾常常在可以发现腐肉的农田附近游荡。

蜜獾少言寡语，羞涩怕人。一般等到夜里大家都睡了才外出觅食，而且都是独来独往。蜜獾安分守己，不愿招惹是非，会尽量避免与其他动物发生冲突。它们以腐肉为食，偶尔也会大吼一声，去攻击年幼或受伤的动物，尝尝鲜物。不过它最喜欢吃的是蜂蜜。它与响蜜䴕结成了十分有趣的"伙伴"关系。响蜜䴕一见到蜜獾就会不停地鸣叫以吸引蜜獾的注意力，蜜獾循着响蜜䴕的叫声跟着它走，同时也发出一系列的回应声。蜜獾用其强壮有力的爪子扒开蜂窝吃蜜，而响蜜䴕也可分享一餐佳肴，因为响蜜䴕自己是破不开蜂窝的。

 小·贴士

让人不可思议的是，一只大蜜獾可以在半小时内吞下一条2米长的大蟒蛇，即使是有毒的南非眼镜蛇和蝰蛇，蜜獾也能不费太大力气就得手。蜜獾似乎对最毒的毒蛇都有很强的抵抗力，就算毒蛇能咬到蜜獾也没什么用，它仍然会被蜜獾吃掉。直到现在，科学家还没有破解蜜獾不怕毒蛇的秘密。

生活在非洲撒哈拉沙漠的蜜獾非常善于挖洞，常在白天觅食。蜜獾十分凶猛，不惧任何动物。因为蜜獾的皮毛光滑韧性强，很难伤到体内，即使被非洲豹捉到，也许要花近1小时的时间才会被制服。

蜜獾是现存的撕咬力量最大的哺乳动物。一只6千克重的蜜獾能够杀死30千克重的袋熊。它的撕咬能力是与它身体大小一样的狮子的3倍。不过蜜獾也并不是所向无敌，它们常常死在狮子和猎豹的手上。

蜜獾是一种喜欢独来独往的动物，只有到发情期才肯聚在一起。它们活动的范围很大，一只雄性蜜獾每小时能轻轻松松地奔跑9.6千米，领地可达1000平方千米以上，雌性蜜獾要比雄性蜜獾小一些，领地可达50~300平方千米。

蜜獾的繁殖期在每年的3月份，蜜獾的妊娠期很长，大概有120天左右，蜜獾产下的幼仔一般为1~3只，多的时候可达4只。刚出生的幼仔被放在育儿袋中以便其吸吮乳头，直到3个月后才放开；105天后，幼仔离开育儿袋，但蜜獾的整个哺乳期长达8个月。雌性幼獾2岁性成熟，开始进行繁殖。

雌獾在发情期及喂养幼仔的时候，会严密捍卫自己的领地，以防其他雌獾来犯，并且严防第三者插足。妊娠期的雌性蜜獾每三五天就要换一个新的洞穴，然而，一旦幼仔可以自己行走的话，为降低被捕食者发现的几率和可以寻找更多的食物，雌蜜獾和幼仔就会分居。

飞翔的哺乳动物——蝙蝠

蝙蝠的飞行能力十分高超，能做多种"特技飞行"，如圆形转弯、急刹车和快速变换飞行速度等。蝙蝠是昼伏夜出的动物，白天，蝙蝠一般隐藏在半干旱沙漠的岩穴、树洞空隙里；黄昏和夜间，蝙蝠会在空中飞翔，捕食蚊、蝇、蛾等昆虫。

蝙蝠用于飞翔的两翼，是由联系在前肢、后肢和尾之间的皮膜构成的。蝙蝠的前肢的第一指很小，长在皮膜外，指端有钩爪；除了第一指外，其他4个指都特别长，适于支持皮膜。蝙蝠的后肢十分短小，足伸出皮膜外，有5趾，趾端有钩爪。蝙蝠的骨很轻，胸骨上也有与鸟的龙骨突相似的突起，上面长着牵动两翼活动的肌肉。

蝙蝠的嘴很宽阔，嘴内有细小而尖锐的牙齿，这样的嘴十分有利于它捕

食飞虫。蝙蝠的视力不好，但是听觉和触觉却很灵敏，它主要是靠听觉来发现昆虫的。蝙蝠在飞行的时候会发出一种超声波，这种超声波遇到昆虫或障碍物时会反射回来，蝙蝠靠耳朵来接受这种超声波，并根据反射回来的超声波判断探测目标是昆虫还是障碍物，以及目标与自己的距离。蝙蝠的这种探测目标的方式被称为"回声定位"。

小·贴士

    蝙蝠从空中落地时，只能伏在地面，慢慢爬行，动作很慢。因此，蝙蝠便随时倒挂着，一旦有了危险，便能容易地伸开翼膜起飞。此外，到了冬季，蝙蝠也是以倒挂的姿势进入冬眠的，这样可减少与冰凉的顶壁的接触面积。所以蝙蝠总是倒挂着睡觉。

    蝙蝠用"回声定位"的方法来捕捉昆虫的灵活性和准确性，是十分惊人的。据统计，蝙蝠在一分钟之内可以捕捉十几只昆虫。此外，蝙蝠的抗干扰能力也很强，它能从杂乱无章的回声中检测出某一特殊的声音，然后用最快的速度分析和辨别这种声音，从而可以确定反射音波的物体是昆虫还是石块，或者更精确地决定是可食昆虫还是不可食昆虫。当2万只蝙蝠生活在同一个洞穴里时，也不会因为空间的超声波太多而互相干扰。蝙蝠回声定位的精确性和抗干扰能力，对于人们研究提高雷达的灵敏度和抗干扰能力，有重要的参考价值。

    蝙蝠类动物的食性相当广泛，有些种类的蝙蝠喜欢吃花蜜、果实等，有的蝙蝠喜欢吃鱼、青蛙、昆虫等，有的蝙蝠喜欢吸食动物血液，甚至吃其他蝙蝠。不过，大多数蝙蝠主要都是以昆虫为食。

    蝙蝠一般都有冬眠的习性，冬眠时，蝙蝠的新陈代谢能力降低，每分钟仅有几次呼吸和心跳，血流减慢，体温降低，直到与周围的环境温度一致。不过，蝙蝠的冬眠不深，在冬眠期有时还会有排泄和进食的行为，一旦被惊醒就可以立即恢复正常。蝙蝠的繁殖力不高，而且有"延迟受精"的现象，即冬眠前交配时并不发生受精，精子在雌性蝙蝠的生殖道里过冬，到第二年春天，经交配的雌性蝙蝠才会在冬眠结束后开始排卵和受精，然后怀孕、产仔。

第四章

沙漠中的鸟类

　　在炎热的沙漠中，生活着许许多多的鸟。它们不但能够远离干燥的地面，飞向高高的天空，而且能够离开黄沙飞扬的环境到遥远的绿洲中去。它们是沙漠中奇妙的精灵。沙漠中的鸟类与沙漠中的人以及沙漠中的其他动物一样都面临着一个共同的难题，即气候炎热干燥。鸟类适应沙漠环境的特征并不明显，但是鸟类可以通过许多奇妙的方式，来保存它们体内的水分，降低体内的温度，从而适应沙漠那严酷的气候。

大漠建筑师——棕曲嘴鹪鹩

棕曲嘴鹪鹩又被称为仙人掌鹪鹩，是美国西南部沙漠带最大的鹪鹩。棕曲嘴鹪鹩属小型鸟类，它的体长约为18~23厘米，双翼展开约为27~28厘米，体重约32~47克。

棕曲嘴鹪鹩的虹膜呈棕红色，有长长的白眼眉；嘴长直而较细弱，前端稍曲，没有嘴须，即使有也很少并且很细；鼻孔裸露或部分有鼻膜。棕曲嘴鹪鹩的翅膀又短又圆，有10枚初级飞羽；尾巴则短小而且柔软，上面有12枚尾羽。棕曲嘴鹪鹩的跗蹠十分强健，有盾状鳞，趾及爪非常发达。

小·贴士

　　棕曲嘴鹩鹩一年能繁殖数次，会在春天将巢转移一个方向以避免寒冷的风，在夏天则转移另一个方向以取得清凉的空气。

　　棕曲嘴鹩鹩长年居住在海拔1400~2000米的半沙漠环境中，它们通常在生满棘刺的仙人掌丛中构建独特的鸟巢。棕曲嘴鹩鹩对环境的适应力很强，它们也可以在仙人掌稀少的灌木丛内修巢，甚至可以在砂石坑或人类废料上建巢。

　　棕曲嘴鹩鹩的飞翔能力很强，它经常作快速迅猛的俯冲动作。棕曲嘴鹩鹩的食物主要有蚂蚁、甲虫、蚂蚱、黄蜂、种子和果子。

　　7~8月间是棕曲嘴鹩鹩的繁殖期，雌棕曲嘴鹩鹩每窝产卵4~5枚。棕曲嘴鹩鹩的卵呈白色，杂以褐色和红褐色细斑，幼鸟一般在孵化16天后破壳而出，在19~23天之间长出羽毛。

高山猎手——高山兀鹫

　　高山兀鹫的体长120~140厘米，体重8~12千克，是我国体型最大的一种猛禽。高山兀鹫身体各部位的颜色也比较独特，头部和颈部裸露，仅稀疏地有少数污黄色或白色像头发一样的绒羽，颈基部长的羽簇呈披针形，颜色为淡皮黄色或黄褐色，上体和翅上覆羽呈淡黄褐色，所以也被称为"黄兀鹫"。飞羽为黑色，飞翔时淡色的下体和黑色的翅膀形成鲜明的对比。

　　高山兀鹫在国外分布于亚洲中部的阿富汗、塔吉克斯坦、吉尔吉斯斯坦和印度北部等喜马拉雅山地区。在我国分布于内蒙古、山东、四川、云南、西藏、甘肃、青海、宁夏、新疆等地。在各地均为留鸟，但仅有西藏较为常见，其他省、区均不常见，山东长岛为偶见，其居留情况尚待进一步研究。

　　高山兀鹫是世界上飞得最高的鸟类之一（能和它比高的还有大天鹅），能飞越世界屋脊——珠穆朗玛峰，最高飞行高度可达9000米以上。

　　高山兀鹫经常在高山和高原地区栖息，它一般都是在高山森林上部的苔原森林地带、高原草地、荒漠和岩石地带活动；繁殖期的高山兀鹫多在海拔2000~6000米的山地活动；冬季，高山兀鹫有时也会到山脚地带活动。

　　高山兀鹫的食物主要是腐肉和尸体，因此它一般不攻击活的动物。高山兀鹫的视觉和嗅觉都很敏锐，这有利于它在高空翱翔盘旋的时候寻找地面上的尸体。不过，在食物贫乏和极其饥饿的情况下，高山兀鹫有时也会吃蛙、蜥蜴、鸟类、小型兽类和大的甲虫和蝗虫。

　　由于较少捕食活的动物，高山兀鹫的脚爪大多退化，顶多可以支撑身体或撕裂尸体，不过，这为它在地面上奔跑和跳动提供了方便。高山兀鹫的嘴异常强大，这有利于它从一些很大、很结实的动物的尸体上去拖出沉重的内脏，并将肌肉一块块地撕下来吃掉。

沙漠里的小精灵——沙鸡

　　深秋广阔的戈壁上成片的芨芨草丛已逐渐枯黄，公路两旁洼地中和盐斑地上生长的猪毛菜，则越变越红，那成簇的紫红或桃红的透亮萼片，在阳光下泛着红光，把一望无际的戈壁点缀得像铺上了花地毯。这时，一群鸟从远处飞来，足有200~300只从头顶掠过，那尖厉的翅音呼啸着，一眨眼，群鸟的身影消失在天边。它们就是荒漠和半荒漠草原上生活的典型鸟类——沙鸡。

　　沙鸡属鸽形目沙鸡科，在新疆有3种，即毛腿沙鸡、西藏毛腿沙鸡和黑腹沙鸡。西藏毛腿沙鸡分布在阿尔金山及昆仑山高寒荒漠中，黑腹沙鸡分布于塔里木盆地南部等地，毛腿沙鸡则分布较广，南北疆均可见到，特别是准噶尔盆地数量较多，从天山北坡低山丘陵到古尔班通古特沙漠，凡接近水源的地区，均可见到成群毛腿沙鸡活动。

　　毛腿沙鸡体长25~30厘米，重250克左右，全身羽色斑杂，以沙棕色为主，布满暗褐色横斑纹，落在地上不动时，与荒漠地带的土壤和沙地混成一色，非常协调，让人难以发现。毛腿沙鸡双翅呈镰刀形，长而尖，它有特别长的2枚中央尾羽，极为明显。为了适应荒漠地区生态环境条件，沙鸡的脚爪变得非常特殊，仅有3个脚趾，而且还包在鞘中，脚掌有粗厚的垫和棘状突起。腿部和趾上皆生长有浓密的羽毛，这种脚爪构造，很有利于沙鸡在夏季灼热的沙漠地表行走，而不至于把脚烫伤，也不至于在疏松的沙面上下陷。

　　沙鸡通常喜欢集群生活，只有在春夏繁殖季节才成对活动。它们在地面营巢，一般每窝产3个卵，孵化期20多天。在这期间，它们不喜欢长距离迁飞，多在繁殖地奔走，过着幽静的小家庭生活。

当雏鸡长大能够迁飞时，沙鸡便几家或许多家合在一起，集结成大群长距离飞行，以寻找食物和水源，且有利于逃避敌害。在飞行时，它们飞得低而且很快，忽高忽低，呈波浪式前进，同时鸣叫不止。在有些地区，它们常常每天定时地在觅食地和十余千米甚至更远的水泉之间飞行，很有规律。到冬季，便迁飞到较为温暖而少雪的地带活动。但在干旱年份，沙鸡便会离开通常的活动地区远距离迁飞。

沙鸡有很多的天敌，当遇到敌害时，有时便卧在原地微张双翅，缩着脖子，就像是戈壁上的一块石头，常常走到跟前还不易发现，但它的一双眼睛却盯着对手，如果实在逃不过，便只好展翅飞去。

傻鸡——西藏毛腿沙鸡

西藏毛腿沙鸡分布于西北地区的新疆、青海南部及东部，以及西藏北部及南部、四川西北部等地。它们多生活在海拔4200~5100米处的荒漠草原、高山草甸草原及湖边草地，冬季则下迁到海拔4000米以下的地带越冬。

西藏毛腿沙鸡的翅尾尖长，尤其中央一对尾羽突出在尾后，特别长，羽瓣大部为沙棕色，并缀以黑色横斑，羽端转为蓝灰，羽干黑褐色，头部从前头到后颈为白色，具有明显的黑斑，而在头的前方又有丰富的纵纹。西藏毛腿沙鸡的上背为棕黄，从下背至尾上覆羽转呈灰白，肩羽杂以黑色块斑状，中央尾羽与腰羽相同，但前端转为黑色，外侧尾羽及尾下覆羽为肉桂色，同

时具有栗色和黑色横斑，尖端白色，下体棕白色。

由于它脚趾连在一起，底部又有肉垫，因此适合在灼热的沙漠和砾石滩上行走。飞行迅速，成波浪状，边飞边鸣叫，叫声变化很大。翅膀在飞行时迅速拍打，发出"沙、沙、沙"的响声。落地时，像鹰隼掠食一样，迅速而又敏捷。停落后来回走动的姿势很像鸽子。

每年6~7月为西藏毛腿沙鸡的繁殖期。此时它们成对栖息或结成10只左右的小群，9月初则结成数十只乃至上百只的大群，遇有危险，则合群鸣叫。迁徙时，往往也结成大群。因这种鸡极富保护色，在人们靠近它的时候，它仍不飞走，甚至走到跟前仍有不动的，故又叫傻鸡。

西藏毛腿沙鸡的食物主要是豆科植物的花、叶、油菜籽、草籽，有时也吃鞘翅目的小昆虫等。

西藏毛腿沙鸡在柴达木盆地和青海湖四周以及西藏荒漠地带数量很多，是一项很重要的资源鸟类。

奔跑如飞——白尾地鸦

　　地鸦属雀形目鸦科，在新疆有3种，即白尾地鸦、黑尾地鸦和褐背地鸦。它们均分布于新疆的干旱山地和荒漠地带，是不迁徙活动的留鸟。其中，白尾地鸦是塔里木盆地特有种，其成鸟体长30厘米左右，重约140克。它长着散发金属蓝辉的黑色额头，乳黄色的脖颈和腹部，沙褐色的脊背，紫黑和白色相间的双翅，还有白色的尾巴，褐色的眼睛。白尾地鸦有一个长而尖的大嘴巴，有利于它啄食。它的一对黑色腿爪，在沙上奔走如飞。有时，它站在枯树或干枯的红柳枝上鸣叫，声音比乌鸦尖细，给寂静的沙漠边缘增加了一丝生机。

　　白尾地鸦多成对活动，最多时十余只在一起，但一般不集群。它们在枯

胡杨树干上或红柳丛中筑巢，用干草、枯叶并铺垫鸟羽、兽毛搭成外径30多厘米、内径约15厘米的巢，在没有树木的地方，有时利用鼠类的废洞穴为巢。由于生活条件严酷，每对白尾地鸦只产卵2~3枚，比其他鸦类要少。初夏已有幼鸦孵出，在亲鸟带领下，到树根，或草丛中觅食，用尖嘴啄和爪趾刨，挖开土皮，掏食虫子。有的把趾尖都磨短了一节。在夏季，它主要以昆虫为食，最喜吃鞘翅目的金龟子，还有伪步行虫、叩头虫、蝗虫及其他昆虫幼虫，它们也常到公路上捡食汽车上掉下来的粮食。秋季，它的食性很杂，除昆虫外，还吃蜥蜴以及植物种子和果实。由于南疆少雪而温暖，所以白尾地鸦就在当地越冬。

白尾地鸦在外形上的一个最大特征便是长有鼻孔须，根据调查发现，这是白尾地鸦对沙漠环境的适应性表现，可以阻挡风沙吹入鼻孔。此外，白尾地鸦的翅膀短而圆，飞行能力较弱，一次飞行的最长距离也不过500米左右，但极善于奔跑，当地的维族群众又称其为"克里遥丐"，维语意思是"奔跑如飞"。白尾地鸦的智慧在鸟类中可谓出类拔萃。1998年9月，马鸣先生率领的考察小组在塔克拉玛干沙漠的腹地发现了一只白尾地鸦。考察小组的成员将撕碎的馕片丢弃在路边，以吸引白尾地鸦的注意力。白尾地鸦很快便发现了馕片，在确定周围没有危险存在之后，这只白尾地鸦并不急于填饱肚子，而是先有条不紊地将馕片运走，统一填埋起来，而后迅速将残留的馕渣清理干净，不给其他动物留下半点机会。

白尾地鸦是中国新疆的特有物种，目前的数量已不足7000只，是国际知名的濒危物种。然而，至今白尾地鸦在中国仍未被纳入国家和地区的野生动物保护名录中。2004年7月，中科院新疆生态与地理研究所研究员马鸣先生首次呼吁为白尾地鸦建立保护区，将白尾地鸦纳入国人的环保视野。

世界上最大的鸟——鸵鸟

　　与普遍流行的说法相反，鸵鸟从不会把头埋入沙中。事实上，在受到威胁时，这种体型庞大、不会飞的鸟都是依靠恰恰相反的策略——借助它们的长腿逃离逼近的危险。

　　鸵鸟广泛分布于非洲沙漠地带和荒漠草原地区。有4个区别显著的亚种：北非鸵鸟，粉颈，栖息于撒哈拉南部；索马里鸵鸟，青颈，居于"非洲之角"（东北非地区）；马赛鸵鸟，与前者毗邻，粉颈，生活在东非；南非鸵鸟，青颈，栖于赞比西河以南。

　　鸵鸟的繁殖期因地区差异而有所不同，在东非，它们主要在干旱季节繁殖。雄鸵鸟在它的领域内挖上数个浅坑（它的领域面积从2平方千米到20平方千米不等，取决于地区的食物丰产程度），雌鸵鸟（"主"母鸟）与雄鸵鸟维持着松散的配偶关系并自己占有一片达26平方千米的家园，雌鸵鸟选择其中的一个坑，此后产下多达12个卵，隔天产1枚。通常会有6只甚至更多的雌鸵鸟（"次"母鸟）在同一巢中产卵，但产完卵后一走了之。这些次母鸟也可能在领域内的其他巢内产卵。接下来的日子里，主母鸟和雄鸟共同分担看巢和孵卵任务，雌鸟负责白天，雄鸟负责夜间。没有守护的巢很容易遭到白兀鹫的袭击，它们会扔下石块来砸碎这些巨大的、卵壳厚达2毫米的鸵鸟蛋。而即使有守护的巢也会受到土狼和豺的威胁。因此，巢的耗损率非常高：只有不到10%的巢会在约3周的产卵期和6周的孵化期后还存在。鸵鸟的雏鸟出生时发育很好（即早成性）。雌鸟和雄鸟同时陪伴雏鸟，保护其不受多种猛禽和地面食肉动物的袭击。来自数个不同巢的雏鸟通常会组成一个大的群体，

由一两只成鸟护驾。仅有约15%的雏鸟能够存活到1岁以上，即身体发育完全。雌性长到2岁时便可以进行繁殖。雄性2岁时则开始长齐羽毛，3~4岁时能够繁殖。鸵鸟一般可活到40岁以上。

小·贴士

- -

鸵鸟啄食时，先将食物聚集于食道上方，形成一个食球后，再缓慢地经过颈部食道将其吞下。由于鸵鸟啄食时必须将头部低下，这个时候它很容易遭受掠食者的攻击，所以鸵鸟在觅食时常不时地抬起头来四处张望。

- -

雄鸟通过巡逻、炫耀、驱逐入侵者以及发出吼声来保卫它们的领域。它们的鸣声异常洪亮深沉，鸣叫时色彩鲜艳的脖子会鼓起，同时翅膀反复扇动，并会摆出双翼一起竖起的架势。繁殖期的雄鸟向雌鸟炫耀时会蹲伏，并且交替拍动那对展开的巨翅，这便是所谓的"凯特尔"式炫耀。雌鸟则低下头，垂下翅膀微微振颤，尽显妖媚挑逗之态。鸵鸟之间结成的群体通常只有寥寥数个成员，并且缺乏凝聚力。成鸟很多时候都是独来独往的。

很少有鸟类的个体会愿意照顾其他鸟的卵，因为这种（表面上的）利他行为通常不符合自然选择原理。体型大、巢易受袭击很可能是鸵鸟选择这种行为的原因所在。从绝对尺寸来讲，鸵鸟蛋是所有鸟类中最大的卵；然而，与自身体型相比，它们却是最小的卵。因此，一只鸵鸟在巢中能够盖住很多卵，比它能产下的卵或者真正要孵的卵都多。繁殖的成鸟性别比例失调，雄鸟与雌鸟的数量比约为1：14。加之巢被天敌侵袭的概率又高，造成许多母鸟没有自己的巢来产卵。所以，产在别的地方对它们而言显然是个不错的选择。而自己的巢内有其他鸟的卵存在对主母鸟来说同样是件好事，因为在遭到小规模的袭击时，它自己的卵因稀释效应而得到保护（换言之，20个卵中或许只有12个是它自己产的，它自己的卵受损的可能性就相对变小）。

假如（事实上经常发生）一个待孵的巢中产了太多的卵，超出了一只雌鸟所能覆盖的范围，那么这只雌鸟在开始孵卵时会将多余的卵移至巢的外围。那些卵便会因得不到孵化而最终死亡。雌鸟能够逐一辨别巢里那么多卵，确保移出的卵不是它自己的。这种识别本领令人惊叹，因为鸵鸟蛋在外表上都相差无几。

食肉动物的密集存在和人类频繁的狩猎活动，都使鸵鸟的巢很难守护。正是人类不负责任的大肆捕杀导致了曾大量存在的阿拉伯鸵鸟惨遭灭绝。随着人类日益介入它们的栖息地，鸵鸟的数量正在减少，只是目前对于这一种类而言还尚未构成严重威胁。

善于行走的鸟——走鹃

走鹃是美国墨西哥州的州鸟，又叫跑路鸟，它身体背部有一个大黑斑，其他部分都是土褐色的。走鹃一般生活在北美洲的沙漠地带。

走鹃奔跑的速度非常快，每分钟可以跑500多米。走鹃在奔跑的时候，嘴里会发出有"比比比"的声音，似乎在说："我来啦，我来啦，快让道！"

走鹃的食物主要是昆虫、蜥蜴和蛇，因此，它通常喜欢沿着道路跑，或穿行于灌木蒿和牧豆树的灌丛中。走鹃一旦捕到爬虫类后，会先用结实的喙将其啄死，从猎物的头部开始吞噬猎物。

走鹃虽然是鸟类，但它只能做短距离滑翔。它非常喜欢快速奔跑，每小时可以奔跑20千米。走鹃在奔跑中寻觅食物。它的食性非常广泛，昆虫是它的家常便饭，有时也捕食其他小鸟、蜗牛、蜥蜴、蝙蝠，甚至还包括蝎子、毒蜘蛛和蛇这些令人望而生畏的动物。

 小·贴士

据说，如果走鹃通过镜子看到自己的影子，便会"愤怒"地击打镜子，直到将之打碎，因此，人们又称走鹃为"沙漠中的小丑"。

走鹃为什么要跑着猎取食物呢？原来它所生活的环境是在沙漠中，食物数量比较少，为了填饱肚皮只好走很多地方。

走鹃勇猛好斗。有时它会在快速奔跑中冲进响尾蛇出没的地方。双方一

旦相遇，就会爆发一场生死搏斗。它跳跃着躲开响尾蛇的攻击，并寻找机会扑到蛇的嘴后，用喙和脚爪猛击蛇头。如果它胜利了，会得到一顿美餐；偶尔失败了，代价就是死亡，但它绝不退缩。

走鹃还有一套独特的保持体温的方法。沙漠中夜晚气温下降很多，走鹃的体温也会有所下降，到了清晨，它会将身体背部的黑斑露出对准太阳，令其充分吸收阳光，体温就会升到正常水平，而不需要耗费自己的能量，这在鸟类中是极为罕见的。

第五章

沙漠中的昆虫与爬行动物

在沙漠中，无论是动物还是植物，水资源的匮乏无疑是最大的威胁。极端炎热的气温也是沙漠动物额外的生存危机。在数以千计的沙漠动物中，几乎每一种都有其独特的保持水分、躲避炎热的求生技巧。大多数沙漠动物，尤其是爬行动物，只在拂晓和黄昏时分才出来活动。也正因为如此，人类很少能与响尾蛇和毒蜥遭遇。也有些沙漠动物喜欢在气温凉爽的夜晚活动。在最热的季节里，最活跃的可能是某些沙漠蜥蜴，灼热的阳光下，它们还会在沙地上奔跑。

戈壁蝉声——戈壁蝉

在炎热的南方，整个夏季，常常伴随着蝉不停的鸣声，虽然音调也算悦耳，但由于炎热天气，反而增添了人们的烦躁感。在我国新疆的居民区，很少能听到蝉鸣，因为在这个地区它们数量稀少，鸣声稀稀拉拉，不引人注意。若到野外，在洪积冲积扇的戈壁和农业区交接带，则常会出现另一种情景：蝉连续的鸣声不绝于耳，在黄花盛开的锦鸡儿灌丛上，落满了蝉；在空中，到处可见飞舞的蝉，其数量之大，远远超过了炎热的南方，使寂寞的戈壁显出一片生气。

在世界上，蝉有5科1万种以上，我国不少于500种，其中戈壁蝉的身材

最大，黄蝉身材最小，它们在我国仅分布于新疆，与内地的蝉种类不同。蝉类的生活史大都近似，交尾后的雌蝉，产卵块于植物上，卵孵化成的若虫，在地下生活，达数年至十多年之久。这随种类而异，有的只活2~3年，叫二龄蝉、三龄蝉，也有的竟能在地下生长17年，叫十七龄蝉，它们在地下寿命很长，但回到地面上时寿命则很短。当幼虫爬出地面，攀爬在植物上脱化为成虫，在植物的茎杆上留下蝉衣。

戈壁蝉是昆虫纲有翅亚纲同翅目昆虫，同翅目在世界上有3万种，我国有1200种以上。戈壁蝉成虫体长3厘米左右，腹面土黄色，背面有黑黄两色相间的斑纹，一副透明的翅膀比身体还长，落下时伸在身后。它长有刺吸式口器，以便于吸食植物体内汁液。雄蝉有发音器，由背部翅骨构成，靠互相摩擦而发音，雌蝉有较发达的产卵器，它们都长有一对短小的触角，分3节。前胸背部呈梯形，有深斜沟。

 小·贴士

　　蝉的生命是短暂的，从蝉蛹破土，脱去最后一次蝉衣，到结束生命，这中间的历程只是人类短短的一个月而已。而蝉蛹为了等待这短暂的一个月，在红柳、梭梭的根部，忍隐着，孤独着，少则两三年，多则十几年，平静而积极地完善着自己的生命。

每年初复，在生长着锦鸡儿、骆驼刺、梭梭及蒿子的戈壁荒漠上，蜕化出一群群的成蝉，到处飞舞，有的大批飞到刚出蕾的棉花地里或小麦豆类上，吸食液汁。这时，雄蝉以鸣声招引雌蝉，交尾活动长达数小时之久，交尾后的雌蝉，在锦鸡儿、梭梭秆上或是农田中的棉秆上产下卵块，卵呈白色，每粒卵长2毫米左右，每个卵块多达数百粒，有卵块的棉茎，常因液汁被吸食而枯萎死亡，因此，戈壁蝉对农业十分有害。在20世纪60年代，它被列入新疆十大害虫之一，这十大害虫按危害程度大小，依次为：地老虎、蝗虫、蚜虫、盲蝽象、蓟马、象鼻虫、叶跳虫、稻蝇蛆和戈壁蝉。

蝉在交配产卵后，便完成了它的生活使命，很快就会死去。它的卵化成的若虫，则都钻入地下生活。至于其若虫，到底在地下生活几年？现在还不得而知，这有待动物学者进一步研究。

巧设陷阱——蚁蛳

　　在荒漠地带的风蚀沟谷中、土崖下，或是古城堡及烽火台废墟的破墙下，常常可以看到一个个大小不等、呈漏斗状的小土坑，最大的有4~5厘米深，若俯身观察，就能看到细土构成的漏斗中心底部，不时有土向上扬起。这时，恰巧有一只蚂蚁经过坑边，滑了下去，它往外爬时，却总是滑了下来，还有不时扬起的沙土打得它站不住脚，不一会儿，蚂蚁好像被什么东西咬住，拼命挣扎，也只剩下半个身子在土上摆动，很快就消失不见了。

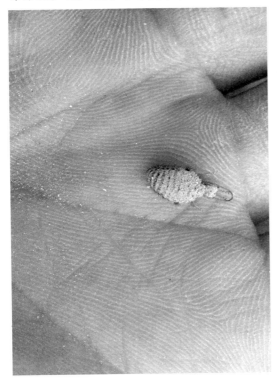

　　这是怎么回事呢？原来，在这坑底中心沙土中，藏有一只小动物，身长只数毫米到十多毫米，身体略呈纺缍形，土褐色，周身多毛，最明显的是顶部的上腭，活像一对牛头上的弯角。因此，西北的农民称之为"土牛"，南方的农民叫它为"地牯牛"或"金沙牛"。由于它主要捕食以蚂蚁为主的小昆虫，一般称它为蚁蛳，它是蚁蛉的幼虫，蚁蛉则是节肢动物蚁蛉科的昆虫，在戈壁荒漠中的体型较大。

小·贴士

　　别看蚁蛳灰头土脑的，可它经过几次蜕变，最后化成蛹，等它从蛹里爬出来，就改头换面，变成了风度翩翩、外型与可爱的蜻蜓十分相像的蚁蛉了，而且它还是蚜虫的天敌，能为民除害呢。

　　蚁蛉的发育期较长，从卵、幼虫、蛹到羽化为成虫，需两年多时间，但是在幼虫阶段，就达两年之久。在这一阶段，幼虫在地下自建"陷阱"捕食，它长着双刺口器，在捕到蚂蚁后，将消化分泌物注入伤口，再用食道吸食蚂蚁体液。在"掘陷阱"过程中，可抛出有自身数万倍重的沙土，它用有力的前腭一面挖掘陷阱一面捕食，不断地生长。有时，它在多石子的砂砾中，也能掘出一个供自己生活的"陷阱"。蚁蛉幼虫最大可长到20毫米长，最后羽化成蚁蛉，再交尾繁殖。

空中土匪——蝗虫

自古以来，蝗虫就是恶名昭著的，人们对它的憎恶程度不亚于任何其他害虫。有人说：假设一个封闭空间内发生蝗灾后，再富饶的土地也会很快变得荒芜。由此可见，蝗虫在人们心目中实在是一个非常糟糕的形象。

蝗虫其实就是我们平常说的"蚂蚱""蚱蜢"，闽南语称为"草螟仔"，属蝗科直翅目昆虫。全世界有超过1万种。分布于全世界的热带、温带的草地和沙漠地区。

蝗虫有着许多可以感受触觉的器官，如头部触角、触须、腹部的尾须以及腿上的感受器等。蝗虫的口器内有味觉器官，触角上有嗅觉器官。蝗虫的听觉器官是位于第一腹节的两侧、或前足胫节的基部的鼓膜。蝗虫的复眼主管视觉，单眼主管感光。蝗虫有着适于跳跃的粗壮的后足腿节。雄性蝗虫的

发音是靠左右翅互相摩擦或用后足腿节的音锉摩擦前翅的隆起脉。有些种类的蝗虫飞行时也能发音。

蝗虫一般披有绿色、灰色、褐色或黑褐色的外衣。蝗虫的头很大，触角比较短；有着坚硬的前胸背板，像马鞍似的向左右延伸到身体两侧，中、后胸不可以活动。蝗虫是跳跃专家，这是由于它的后腿的肌肉强劲而有力，外骨骼坚硬，另外，蝗虫的胫骨还有尖锐的锯刺，可以作为有效的防卫武器。

蝗虫的一生比较复杂，要经过卵、若虫、成虫三个时期。每年夏、秋季节蝗虫就进入繁殖期，交尾后的雌蝗虫把产卵管插入10厘米深的土中，产下约50粒的卵。如果气温保持在24℃左右，21天后卵开始孵化。孵化的若虫身体较小，没有翅膀，从土中匍匐而出，跳跃行走，所以叫做"跳蝻"。跳蝻的形态和生活习性与成虫很像，待它们长到受外骨骼的限制不能再长时，开始蜕皮，脱掉原来的外骨骼。它们一生要经历5次蜕皮的过程。到第三次蜕皮后，开始长出翅芽；第五次蜕皮完成后，它们便爬到植物上，身体悬垂而下，静静地等待一段时间，就变成真正能飞的蝗虫了。

蝗虫特别善于跳跃，跳跃时主要依靠强大发达的后足。除了跳跃之外，蝗虫还具有惊人的飞翔能力，它们可以连续飞行两天左右。当一群蝗虫飞过时，振翅的声音就像海洋中的暴风呼啸一样令人震惊。静止时前翅覆盖在后翅上，起到保护作用。

蝗虫是影响农作物生长的主要害虫，在野外草丛中，人们常常能看到它们大口啃食叶片的画面。尤其在严重干旱时，它们会大量爆发，造成灾害。2004年，成群的蝗虫吞噬了毛里塔尼亚首都努瓦克肖特城内的植被，连一座足球场的草坪也未能幸免。据了解，1988年这个国家的28个省都遭到了蝗虫的侵害，导致3亿美元的损失。自1988年发生大面积"蝗灾"以来，成群结队的蝗虫几乎每年都会对这个贫瘠国家的农业构成严重威胁。

随着现代科技水平的提高，这种由飞蝗引起的灾难虽然逐渐得到了遏制，但在很多弱小贫穷的国家，蝗虫仍然横行无忌，不断造成当地重大的损失，就连一些科学家也都苦无对策。

好斗的歌唱家——蟋蟀

蟋蟀俗称蛐蛐，体表多为褐色或黑色，头部圆形，触角较长，翅膀通常平叠于躯体上。雄性蟋蟀会发声而且善于争斗，因此常被人们抓来进行斗蛐蛐比赛。

蟋蟀与蝗虫一样，都属于直翅目。蟋蟀也长有咀嚼式的口器，能吃叶子。蟋蟀多在夜间活动，依靠它们的长触角探路。它们不是完全的草食性昆虫，有时也吃其他的动物。

蟋蟀是穴居动物，经常在地表、砖石下、土穴中、草丛间栖息，一般是昼伏夜出。蟋蟀属于杂食性动物，其食物主要是各种作物、树苗、菜果等。

蟋蟀之间是靠鸣声传递信息的，不同的音调、频率表达不同的意思。夜晚，蟋蟀响亮的长节奏的鸣声，既是警告同性的手段，同时又是招来异性的法门。蟋蟀一般在夏季的8月开始鸣叫，10月下旬气候转冷时即停止鸣叫。

每到繁殖季节，雄性蟋蟀就会通过发声求偶。雌雄交配后，雌虫就用它那长而尖的产卵管在泥土中或植物体上戳个小洞，然后把卵产在里面。产在泥土中的卵一般在泥土中过冬，而后孵化成长；产在植物组织中的卵在植物组织中过冬。翌年3～4月出土。6月上旬羽化为成虫，成虫、若虫穴居深达0.6米甚至更深。新建的洞穴很简单，只有一个逃避孔。在产卵前增建3～5个供产卵用的支穴，并出外搜索花生嫩茎叶和种子，运回穴内储存，以供饲养初孵的若虫。初孵若虫群居，数天后外出觅食，各自分别掘穴。

 小·贴士

当今社会赏玩鸣虫似渐成风尚，无论是北京、天津、上海、广州、香港等大都市，还是南京、杭州、苏州那样的中等城市，以及盐城射阳市县级城市，都有规模不等的鸣虫市场。赏玩鸣虫作为娱乐活动，多少可以折射出现代人渴望返璞归真的意趣。

蟋蟀并不是靠嗓子发声的，蟋蟀的鸣声来源于它的翅膀。在蟋蟀右边的翅膀上，有一个像锉样的短刺，而它的左边的翅膀上，长有像刀一样的硬棘。蟋蟀的左右两翅一张一合，相互摩擦，就可以发出悦耳的声响了。

可怕的毒妇——黑寡妇蜘蛛

黑寡妇蜘蛛身体为黑色，雌蜘蛛腹部有红色斑点，身长在2~8厘米之间。由于这种蜘蛛的雌性在交配后立即咬死雄性配偶，因此民间为之取名为"黑寡妇"。

黑寡妇蜘蛛性格凶猛，富于攻击性，毒性极强。而且，它叮咬人时常常不会被注意，但数小时内，人就会开始出现恶心、剧烈疼痛和麻木，偶然还会出现肌肉痉挛、腹痛、发热以及吞咽或呼吸困难。轻度中毒者经医治一两天后可以出院，重者则要在医院耗上一个月甚至出现生命危险。

黑寡妇蜘蛛通常生活在温带或热带地区，在沙漠地带也有分布。它们一般以各种昆虫为食，不过偶尔它们也捕食虱子、马陆、蜈蚣和其他蜘蛛。当猎物缠在上网，黑寡妇蜘蛛就迅速从栖所出击，用坚韧的网将猎物稳妥地包裹住，然后刺穿猎物并将毒素注入。毒素10分钟左右起效，其间猎物始终由蜘蛛紧紧把持着。当猎物的活动停止，蜘蛛将消化酶注入伤口。随后，黑寡妇蜘蛛将猎物带回栖所待用。

黑寡妇蜘蛛具有含几丁质和蛋白质的坚硬外壳。当雄性成熟，它会编织一张含精液的网，将精子涂在上面，并在触角上沾上精液。黑寡妇蜘蛛通过雄性将触角插入雌性受精囊孔实现两性繁殖。交配后，雌性蜘蛛往往杀死并吃掉雄性；但在雌性饱食的情况下，雄性可得以逃脱。雌性产的卵包在一个球形柔滑的囊中，作为伪装和保护。一个雌性黑寡妇蜘蛛在一个夏天能产9个卵囊，每个含400个卵。通常情况下，卵的孵化需要20~30天，但由于同类相食，这一过程中很少有12个以上能存活。黑寡妇蜘蛛发育成熟需要2~4个

月。雌性在成熟后能继续生存约180天，雄性则只有90天。

在动物世界里，交配是一件大事情，最悲壮的交配应该算是黑寡妇蜘蛛的交配了。当雄蛛性成熟之后，不知道它是不是明白自己已经面临着悲惨的命运了。成熟的雄蛛有一种想交配的欲望，它就开始四处寻找自己的爱人。找到自己的爱人后，雄蛛好像也知道自己快面临危险了，小心翼翼地观察在它眼中如"西施"一样的"大肚婆"，黑寡妇雌蛛是一种十分挑剔的雌性，它轻蔑地瞟了一眼畏首畏尾的雄蛛。此时，雄蛛做好了充分的心理准备后，就开始了冲刺。悲惨的一幕发生了！雌蛛没有看上这头不识趣的雄蛛，回头一口，可怜的雄蛛就成了雌蛛的腹中之物。

在蜘蛛的世界中，雌性的体型是远大于雄性的。黑寡妇蜘蛛是一种毒性很大的蜘蛛，产于美洲，身体黑亮，腹部有红色标志，极易辨认。在黑寡妇蜘蛛这个种类中，雌蛛比雄蜘蛛重了100倍，是雄蛛和雌蛛相差最大的蜘蛛。对于人类和不少其他动物来说，高大魁梧的雄性更容易获得雌性的青睐。可是在蜘蛛世界，这个择偶原则失效了。对于大腹便便的雌蛛来说，大雄蛛不是它们最佳的配偶，而那些短小精悍的雄蛛倒是更容易获得它们的欢心。雄蛛在准备交配时，先用蛛丝织成一个小网，射进一滴精液，然后再将精液转移到肢须附节的球形囊内，寻找雌蛛，完成授精工作。

沙漠幽灵——骆驼蜘蛛

　　骆驼蜘蛛的长相难以引起人们的好感，它体型巨大，全身呈土黄色，头部色彩鲜艳，身体和足部长满了密密麻麻的细毛，整体看上去倒有螃蟹的架势。

　　生活在干旱地区的骆驼蜘蛛，最值得炫耀的就是它们的速度了。当它挺起身子向前跑动时，移动的速度可以达到每小时25千米。要知道，运动员通常跑步的速度也才达到每小时37千米。凭借这样的速度，它们可以轻松超越大多数食肉动物，击败各种猎物，包括蜥蜴、啮齿类，甚至是鸟类。因此，它们也被称为风蝎。

　　虽然骆驼蜘蛛可以凭借它们的速度在复杂的大漠里捕杀各种食肉动物，

但是它们却并不像传说中的那么可怕，也没有谣传的餐盘那么大，它们张开大脚后约17厘米长。如果你经常在沙漠中活动，就会遇到骆驼蜘蛛。因为它们在夜晚会被亮光吸引到帐棚里，或者游走在火堆旁。不过，骆驼蜘蛛一般不会主动攻击人类，除非它们受到了侵犯。当骆驼蜘蛛选择迎敌时，会利用可怕的大颚用力咬小片，然后吸取汁液。

骆驼蜘蛛在拉丁语中意为"避目"，这与它们喜欢阴凉的生活习性正好吻合。骆驼蜘蛛居住在温暖和干旱的环境里，包括几乎所有的沙漠地带和东西半球，但澳大利亚除外。它们感觉器官的功能类似昆虫的触角，并出现了两个额外的腿，这些正是它们用来捕捉猎物、飞行或者攀登的工具。

在这群以移动迅速著称的昆虫界的沙漠精灵身上，有太多奇怪的故事。虽然我们知道它们不会攻击人类，但是当人们在沙漠行走的时候，如果后面跟着这群家伙，一定会毛骨悚然的。

 小·贴士

骆驼蜘蛛名称的由来是因为它们时常在骆驼尸体附近被发现，因此人们认为它会杀死骆驼。事实上，它们只不过是在捕食被骆驼尸体腐肉所引来的其他昆虫罢了。

骆驼蜘蛛与我们常见的蜘蛛不一样的是：沙漠中的蜘蛛并不像一般蜘蛛那样结蜘蛛网，因为沙漠里经常刮大风，且飞虫也较少，蜘蛛结网并不能起到应有的作用，甚至会损失它们体内宝贵的液体。

适应环境的高手——蜥蜴

在全球脊椎动物区系中，蜥蜴几乎无处不在。虽然大多数蜥蜴栖息在热带地区，但也有许多生活在温带地区。在西半球，蜥蜴的分布北至加拿大南部地区，南至南美洲南端的火地岛。在东半球，有一种山地麻蜥栖息在挪威北极圈中，其他一些种类分布在南至新西兰斯图尔特岛上。蜥蜴生活在从海平面到海拔5000米的地区。

蜥蜴最突出的特征之一就是它们的皮肤，这些皮肤折叠形成鳞片。皮肤的外层充满角蛋白，这种角蛋白是一种粗糙且不溶水的蛋白质，它能使蜥蜴最大限度减少水分流失，使很多蜥蜴在即使是最干旱的沙漠中也能生存。它

们的鳞片形状包括从小颗粒状到大片状，差异很大。鳞片有的一片一片互相连接，有的重叠。其皮肤可能非常光滑，也可能有一些突起（脊）。蜥蜴鳞状的皮肤通常粗糙厚实，不容易被刺破。某些鳞片已经演变成尖利的刺，可以击退袭击者。有些皮肤则被称为皮骨的内骨片强化。

人们所熟知的蜥蜴的疾走行为对一些种类来说是不可能完成的，因为有些栖息在地面上和洞穴中的蜥蜴的四肢已经退化甚至完全消失了。雌性盲蜥、一些蛇蜥和小蜥蜴的四肢都完全消失了，只在体内还保留了一些痕迹，骨质的骨盆带证明这些消失的四肢曾经存在。扁足蜥蜴、雄性盲蜥以及各种各样的绳蜥和甲蜥都没有前肢，只有退化了的后肢，而一种丽纹攀蜥则只是后肢完全消失了。四肢退化对生活在只有狭窄开口的栖息地，如密林或地缝和岩石裂缝中的种类来说具有特殊的优势。对这些种类来说，移动是靠退化的四肢紧贴身体，像蛇一样侧向摆动身体来完成的。但是大多数种类都有四肢，每只足上有5个趾，这些有鳞类动物显示出蜥蜴运动的最典型模式：四肢在爬行时身体两侧以对称的步伐前进，因此身体不断摇摆。身体本身可以是圆柱形、扁平的（与地面齐平）或者纵向扁平的（与地面垂直）。四肢或短或长，或粗或细。穴居蜥蜴通常身体呈圆柱形，而裂缝栖息的种类则比较扁平，水栖和树栖种类的身体为特有的纵向扁平状。四肢粗壮较长的种类如澳洲砂巨蜥通常是疾跑的种类，它们栖息在开阔的草原和沙漠中。树栖种类如变色龙和鬣蜥蜴通常具有细长的四肢，这种四肢有助于蜥蜴在栖木间跳跃或从一个树枝爬到另一个树枝上。另外的因素如掘洞和争斗，都可能在四肢进化过程中起到了重要的作用。

有些种类的蜥蜴有可抓握的尾巴，在行动时，尾巴可以缠绕着植物，使自己得到稳固，因此，它们相当于拥有"五肢"。变色龙是所知的种类中最典型的拥有这种适应性结构的蜥蜴，在树栖和陆栖的许多种蜥蜴中也都具有这样的适应性结构。在壁虎的一些种类中，它们可抓握的尾巴的下表面长有跟趾部鳞片相似的鳞片，因此可以紧抓在植物上。一些种类的尾尖鳞片看起来像一只爪，也可以起到类似的作用。

蜥蜴尾巴的特征化改进，导致自断或自动脱落这种独特现象的出现，但

伪装或隐匿仍是蜥蜴逃生方法中最为有效的途径。许多蜥蜴的图案和体色都
与周围环境融为一体。凿齿蜥蜴和变色龙可以通过释放皮肤色素，在短短几
秒钟内将皮肤颜色转变成伪装色。当蜥蜴静止不动时，伪装效果更加明显。
但是与捕食者（如哺乳动物、鸟类或其他爬行动物）正面相遇时，蜥蜴也会采
取许多其他行动和生理上的防卫策略来逃生。

蜥蜴动作的灵活性和迅速性不容置疑。当遭到袭击时，大多数种类都会
试图逃脱，除了速度缓慢、身体笨拙的澳洲石龙子——它们会张开嘴，露出
强壮的下颚和闪亮的蓝色舌头，并发出嘶嘶声来恐吓捕食者。

许多蜥蜴生命中的大部分时间是在地下度过的，并以此来躲避捕食者。
生存在地下的主要有石龙子、盲蜥、平足蜥以及蛇蜥等。那些活跃在地面的
种类有时也会通过潜水、钻洞或者陷入松软的沙地中逃生。许多种类在夜间
很活跃，因为那时它们潜在的捕食者很少出现。

小·贴士

蜥蜴有时也会用"装死"来逃生，或者让身体变得很僵硬。当猎物奄奄一息或者身体僵硬，看起来像死掉时，许多捕食者就会停止攻击。捕食者依靠猎物的动作提示来展开攻击，一只"死"蜥蜴当然不会有任何的提示。

许多蜥蜴是肉食动物，它们主要捕食昆虫和其他小型陆栖脊椎动物，但是体型较大的蜥蜴通常会吃哺乳动物、鸟类和其他爬行动物。科摩多巨蜥为食腐和肉食动物，它们会捕食山羊甚至水牛这类动物。它们的牙齿侧面扁平，具有锯齿形的边缘，与食肉鲨鱼的牙齿很相似，它们会将大型猎物躯干上的肉逐块撕下来。它们具有的高度灵活的颅骨使其可以吞下大块的食物。秘鲁鳄鱼蜥以蜗牛为食，它们强壮的颅骨、有力的颚部肌肉以及类似白齿的牙齿可以帮助它们弄碎蜗牛的壳。

在所知的所有蜥蜴种类中，只有2%的种类为植食性动物。鬣蜥，特别是成体，会吃各种植物。加拉帕戈斯群岛的海鬣蜥几乎全部以植物为食，它们会潜入水下15米或更深的地方，以生长在临近其栖息的岩石海岸的海藻、海草以及其他海生植物为食。吃树叶和树茎秆的蜥蜴通常有特殊的肠道结构，拥有可以帮助它们消化植物组织的细菌共生物。壁虎、石龙子、蜥蜴中的许多种类，其食物通常以昆虫为主，但也以季节性生长的果实为食，这些果实更容易被消化。许多种类的蜥蜴成年时会改变它们的食谱，而且也伴随季节性改变。

许多蜥蜴在遭遇到欲侵占其领地或具有挑衅性行为的同类或他类时，会发出威胁信息。改变体色、膨胀身体、张开颚、摇动尾巴，以及某些种类特有的头部运动都是重要的恐吓信号。当雄体之间或者与别的动物发生冲突时，变色龙有色的喉扇或垂肉就会变大。占据一片领地在许多方面都是有利的，但是也会付出代价，比如由于重复出现在同一个地点，被捕食者捕获的可能性也就相应增大。相对于不显眼的雌变色龙来说，靠视觉捕食的肉食动物，比如蛇，会更多地捕食颜色鲜艳的雄变色龙。

当蜥蜴保卫领地或争夺配偶时，通常会发生争斗。雄性海鬣蜥在交配季节开始时，会争夺领地并与入侵的雄性猛烈争斗。当一只海鬣蜥严加防范自己的领地时，附近的雄体就会更少地卷入与这只海鬣蜥的领地争夺战中。体型较大的雄海鬣蜥通常会占据较大、较好的领地，它们交配的机会也更多。求偶行为是交配仪式中一个很重要的组成部分。一些种类的雌体也会占据领地并相互争斗。

沙漠里的蟾头蜥——沙蜥

沙蜥又叫"蟾头蜥"。爬行纲，鬣蜥科。约有38种，分布在西南亚、中亚及我国西部；我国有12种，分布在西藏、新疆、青海、甘肃、宁夏、内蒙古以及陕西等地。

墙壁蜥蜴和沙蜥蜴有时被人们称为真正的蜥蜴，在它们的栖息地是最活跃和最常见的爬行动物。在欧洲大部分地区、亚洲和非洲，从热带森林到北极圈附近都有它们的身影。但是在地中海盆地、南北非洲的干旱和半干旱地区、近东和中东地区，这类蜥蜴的种类最为多样。它们大多数陆栖或者是栖息在岩石间，然而它们中也有草上爬行的、穴居或树栖的。

典型的墙壁蜥蜴和沙蜥蜴具有较扁的身体、长的四肢、长脚趾和很长的尾巴。它们身上覆盖着很小的颗粒状的鳞，身体下部是宽的腹板。它们头部

的盾形防护物大而显眼。

大多数墙壁蜥蜴和沙蜥蜴在躲避猎捕者时都主要依靠速度。南非的灌木草原蜥蜴则利用拟态来保护自己，其幼体外表是黑色的且具有白色的标记，当面临危险时，它们模仿当地的一种能喷射毒液的甲虫，把背弯成拱形，然后快步地从地面上溜走。非洲的滑翔蜥蜴则使身体变平，结合稍微扩张的尾巴像降落伞一样在树枝间跳跃。许多居住在岩缝中的种类也能使身体变平。

 小·贴士

　　沙蜥有一个很明显的特点，就是它的尾巴能够向上卷曲，就像盘状的蚊香那样，一般能够卷上两圈，而且动作非常灵活自如。这种卷尾巴的习性，主要表现在雄性沙蜥的身上。

沙蜥一般生活在沙漠地带。体型较小，长约12厘米，头短，近似圆形。眼睑发达，并有鳞片延伸形成的防尘帘。有些种类的鼻孔很窄，成一条裂隙。四肢的指、趾外侧的一行鳞片延长，形成锯齿状的"缨睫"，可以减少与沙面接触的面积，不但中午沙面温度很高时能减少受热，而且在沙面行走时也可减低阻力，并且能在沙土上挖洞，有的能挖深70~80厘米。遇到惊扰时，身体能迅速摆动，很快地埋入沙里。爬行也很迅速，并能作短距离的跳跃。

沙蜥主要以昆虫为食，也吃些植物，有种大耳沙蜥也吃其他爬行动物的卵。部分种类卵生，每年产卵数次，每次2~6枚；在高海拔地区的种类，如西藏沙蜥等卵胎生。

沙蜥蜴在非洲和亚洲的大部分沙漠地区很常见，大多数种类的趾都长有缘饰，以利于它们在松散的沙土上奔跑，但是有几种则是真正的沙丘居住者。纳米比沙漠的铲鼻蜥蜴有长缘饰的脚趾和一个埋头孔形的下颚，它们在沙丘上搜寻，然后再扎入沙丘里以逃避猎捕者和地表44℃以上的高温。当在沙丘表面上活动时，这类蜥蜴通常抬起一只前腿和相对的一只后腿，与炙热的沙土表面减少接触，并使凉爽的微风吹过它们身体和地表之间。

古城"恐龙"——塔里木鬣蜥

盛夏期间，蓝蓝的天空中没有一丝云彩，强烈的日光晒得戈壁滩上异常干燥炎热，一阵阵热风吹来，使人喘不过气，地表温度不低于56℃，烫得使人不敢落脚，天空中看不到一只鸟，地面上也看不到一只兽。但是，就在这非常炎热的地方，不时会有不怕高温的小动物，在地面跑来跑去。这就是蜥蜴，它们就是这里的主人。

如果你有机会到塔克拉玛干大沙漠的古城堡去考察，也许有幸见到新疆的蜥蜴王，现代的"恐龙"——塔里木鬣蜥。这座坐落在塔克拉玛干沙漠中丝绸之路的重要城镇——米兰古城，虽经千百年的风吹日晒，那高耸的古城堡，仍不失当年的雄伟姿态。进入城堡，透过断壁残垣的斜阳，更增添了古堡的阴森感，只见一片沙地上，爬着几只奇丑无比、形象吓人的怪物：它们全身披着灰褐色的角质鳞片，活像武士的盔甲，三角形头上长有高低不等的几对硬角，显得更加威武，几乎和身体一样长的粗大尾巴拖拉在地上。长着长爪的四肢支撑着身躯，有的不时张开大口，吐着红色的舌信，一对明亮的小眼睛一眨一眨，与化石中的恐龙极为相似。其中最大的长达40~50厘米，重1千克以上。它们看到人来了之后，就会落荒而逃，直窜入城垣断壁的裂缝中。

"恐龙"在外语中即指"恐怖的蜥蜴"。数亿年前，地球还是恐龙的天下，新疆也不例外。在乌尔禾挖出的准噶尔翼龙，早已驰名中外，在奇台也发现了肯氏兽"九龙壁"化石及长达30米的准噶尔恐龙化石等，都是历史的见证。随着地质历史的变迁，这些"恐怖的蜥蜴"早已从地球上消失，至今只剩下它们同族后代的小兄弟还残存于世。

小·贴士

鬣蜥和所有的爬虫类一样，是变温动物，体温随气温而变化。但它有一种特殊本领，即在气温较低时能充分吸收太阳热，从体表向体内扩散，而使体温提高许多度，与向外散热的哺乳动物恰恰相反。因此，它只需要哺乳类和鸟类1/3~1/5的热量，就能维持生命。

世界上有3000种蜥蜴，我国有117种蜥蜴，而新疆有25种，其中有8种为新疆所特有，如鬣蜥科的新疆鬣蜥、塔里木鬣蜥、草原鬣蜥、南疆沙蜥和壁虎科的西域林虎、蜥蜴科的昆仑麻蜥等。其中以鬣蜥体型最大，仅次于南方发现的石龙子。据传，在巴音郭楞蒙古自治州，还发现过近1米长的巨型鬣蜥。

塔里木鬣蜥主要分布于塔里木河中下游，营穴居生活，一般在炎热的白天出来活动，在较冷的风沙阴天则龟缩在洞中。而在高温盛夏，则白天休息，黄昏才出来捕食。它以植物性食物为主，也吃荒漠地带的甲虫、苍蝇、蛆、虫卵甚至小蛇，不需饮水照常生活。也会爬到胡杨树上去吃树叶。它长有类似青蛙的舌头，能在一定的距离将昆虫卷入口中慢慢吞咽。

鬣蜥在初夏冬眠出蛰后，就互相追逐，寻找异性配偶，这时，雄蜥高翘着向上蜷曲的尾巴，不断摆动着，以显示自己的威力，并驱逐其他雄蜥进入自己的"势力圈"。雄蜥和蛇一样，有一对交接器，但在交尾时则用其中一个。交尾后的雌鬣蜥，选择低洼处温暖而疏松的沙地挖坑产卵，多为5~7枚，卵似麻雀卵大小，但较长，玉石白色。1~2个月后，自然孵化成5~6厘米长的幼蜥从沙中爬出。鬣蜥在秋天就会早早进入深的洞穴冬眠，长边半年之久。在人工饲养条件下，一般蜥蜴能活10年，而鬣蜥的寿命则在10年以上。

喷血退敌——角蜥

我们都知道，沙漠是一片植物和降水都非常稀少的荒芜地区，因此常常被人称为"不毛之地"。在这个昼夜温差巨大的环境中，生物为了适应而不断地进化，于是，便有了千奇百怪的沙漠生物，其中就包括了一种浑身长满棘刺的可怕动物——角蜥。

角蜥是一种生活在北美洲西部沙漠里的特殊动物，由于外形同蟾蜍很相似，而且在头部还长满了许多刺状的鳞片，看上去就像是无数根棘刺深深地刺入了它的头颅一样，所以人们也称它为"角蟾"。

在它身体表面，布满了皮黄色或者是暗沙色的斑纹，看上去和沙漠的颜

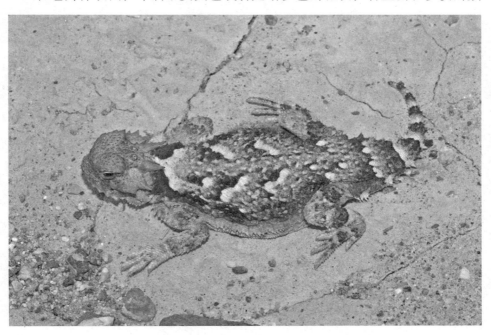

色没什么两样，同时身体上的棘刺看上去也很像枯萎的植物，这样一来，那些凶猛的大型爬行动物、鸟类和哺乳动物就很难发现它的存在，因此它遭遇天敌袭击的机会就大大的减少了。这种本领不仅可以帮助它躲避天敌，还可以迷惑猎物。只要它们一动不动，就有好奇的蚂蚁或者其他昆虫自动送上门，角蜥就是靠这种不费吹灰之力的方式饱餐一顿的。

不过虽说角蜥身上有保护色，但它并不会因此而放松警惕。一般遇到了天敌，它会立即左右晃动着身体，然后斜着头，摇动着尾巴，拼命地用头上的棘刺抛开沙土钻到地下去。由于它的鼻子里有一层特殊的鼻膜，可以有效地防止沙土倒灌入鼻腔之中，所以它并不会窒息而亡。等过了一阵子，它才会小心翼翼地把头露出来，先查看一下周围的环境，确认天敌已经走远以后，才会从沙土中钻出来。

角蜥的棘刺可不是专门用来挖洞的。这些又尖又硬，像匕首一样锋利的棘刺，布满了身体表面，它们主要的功能还是自卫。虽然角蜥有保护色，可是像蛇这样利用热感应原理寻找猎物的猎手可不会被保护色所迷惑。由于角蜥跑不快，因此很容易就会被蛇追上。这时，蛇便急切地咬住角蜥，想把它吞到肚子里。可是角蜥的棘刺实在是太锋利了，一下子就刺穿了蛇的喉部。当蛇感觉到剧烈疼痛想将角蜥吐出来的时候，已经来不及了。因为角蜥的棘刺已经牢牢地锁住喉咙的肌肤，到最后，这条倒霉的蛇就只能因为流血过多而痛苦地死去。

 小·贴士

近几年来，角蜥的数量在不断的下降。主要的原因就是其赖以生存的栖息地不断的遭到破坏以及它的主食蚂蚁数量的下降，此外，许多宠物爱好者将其捕捉作为宠物也有一定的原因。

当然，角蜥的棘刺除了防天敌之外，还有蓄水的功能。如果将角蜥放到水里浸一会儿，就会发现水在不断地流入小刺之间的凹陷处，再从那里的缝隙进入皮肤上的小孔之中，最后全部流向头部。在那里，会有一个收集水分的小囊，而水最终就储藏在那里。如果角蜥碰上了干旱的天气，缺少水源，只需要轻轻地动一下颌部，那些储藏起来的水就会自然而然地从水囊中流出来了。

角蜥除了浑身锐利的棘刺，还有很多自我防卫的工具。其实在沙漠中它有很多体型庞大的敌人，这些敌人总是想方设法地想将它拍死，然后再吃掉棘刺变软的死角蜥。如果遇到了这样的敌人，角蜥就会从眼睛里快速地喷出一股殷红的鲜血，射程足有1~2米远，此时的敌害会被迎面喷来的鲜血吓得落荒而逃，而这个时候角蜥就化险为夷了。

角蜥的眼睛怎么会喷出血来呢？经过研究发现，在它喷血之前，有一束闭孔肌肉会主动地压迫血管，使脑血管内的血压急剧升高。而这个压力对于眼睛角膜里的血管来说是根本承受不住的，所以血管就会瞬间破裂，使鲜血喷出。当然，对于我们人类来说，这样的做法很容易形成脑溢血，造成生命危险。但角蜥则不同，虽然这种方法比较可怕，但是并不会造成任何的生命威胁，反而可以帮助它吓跑敌人，从而拯救自己的生命。

美国加利福尼亚州的南部，曾是角蜥自由自在生活的乐园，但是这种情

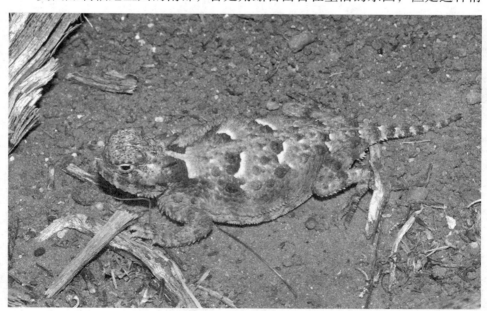

况现在却发生了变化，许多角蜥正在莫名其妙地消失。而经过科学家的研究发现，造成这种情况的竟然是一种阿根廷蚂蚁。这种蚂蚁生得孔武有力，当它们随着人们的活动而到达加利福尼亚以后，就开始驱逐当地土生土长的黑蚂蚁，而黑蚂蚁是角蜥的食物。随着黑蚂蚁的离去，角蜥也由于没有食物而逐渐地消亡了。目前，美国的相关部门已经把角蜥列为"一种特别需要关注的动物"名单中了。

飞檐走壁的捕虫能手——壁虎

壁虎又叫蝎虎。它的脚趾下面长着无数有粘附能力的细毛，因而能在墙壁、天花板或光滑的平面上爬行。壁虎的名字也是这样来的。它的眼睛很大，但是从不闭起来，永远睁开着。在大自然里，壁虎通常住在山岩缝和碎石堆里。白天，它们躲在僻静的阴暗角落；夜晚出来活动，夏天和秋天的晚上常出现在有灯光照射的墙壁、屋檐下或电杆上，捕食蚊、蝇、飞蛾等昆虫。

一旦遭到袭击，壁虎会丢下尾巴溜之大吉。几天以后，它的尾部会再生出一条新尾巴来。不过，大壁虎只有在迫不得已的情况下才会采取断尾保命的方法，因为断尾毕竟会使大壁虎的身体受到严重损伤，不仅失去了尾巴上储存的脂肪，而且还会因此而失去求偶的优势。

　　大壁虎的尾巴能再生，是因为它的尾椎骨中有一个光滑的把前后半个尾椎骨连接起来的关节面，关节面的肌肉、皮肤、鳞片都比较薄而松懈，所以，大壁虎在尾巴受到攻击时，会剧烈地摆动身体，通过尾部肌肉的收缩使尾椎骨在关节面处发生断裂，以此来逃避敌害。刚断下来的尾巴，由于里面的神经和肌肉未死去，还能在地上颤动，这可以转移敌害的视线。壁虎的尾巴又粗又大，而且含有丰富的蛋白质和各种维生素。现在科学家正在研究，利用它的尾巴，可以为人类提供大量的肉食。

　　大壁虎是壁虎中最大的种类，它的体长约为12~16厘米，尾长约为10~14厘米，体重约50~100克。大壁虎的外貌与一般壁虎没有多大差别，大壁虎的背腹面略扁，头同蛤蟆的头类似，呈扁平的三角形，位于头部的两侧的眼睛大而突出；大壁虎的嘴巴也很大，上下颌有很多细小的牙齿。大壁虎的皮肤相当粗糙，全身密生粒状细鳞，背部有明显的颗粒状疣粒分布在鳞片之间。大壁虎的尾巴又圆又长，尾巴上有6~7条白色环纹。大壁虎的四肢并不发达，仅能爬行，它的指（趾）膨大，底部有单行褶皱皮瓣，能吸附在墙壁上。雄性大壁虎的后肢的股部腹面有一列鳞，具有圆形的股孔，这就是股窝，数量约为14~22个，雌性大壁虎没有股窝或者不明显。

　　大壁虎的体色多种多样，基色就有黑色、黑褐色、灰褐色、深灰色、灰蓝色、绣灰色、青黑色、青蓝色等，它的头部、背部一般都有黑色、褐色、深灰色、蓝褐色、青灰色等颜色的横条纹，身体上则散布有6~7行横行排列的白色、灰白色或灰色的斑点，还有砖红色、紫灰色或棕灰色，密布橘黄色及蓝灰色小圆斑点，以及不规则的宽横斑。

　　小·贴士

　　　　壁虎的其他生理特征与蜥蜴类似，但是有一点不同，壁虎的两耳之间什么都没有。我们可以从壁虎的一只耳眼看进去，直接通过另一只耳眼看到外面。壁虎的中枢神经系统位于脊髓中。

大壁虎通常在3~11月份活动频繁，其他时间一般在岩石缝隙的深处冬眠。

行踪诡异——蛇

　　蛇与蜥蜴有诸多相似之处，因此蛇与蜥蜴被归入了有鳞目。从一般的分类学上讲，也很难把它们分开。蛇与蜥蜴最明显的区别在于蛇没有肢部。无腿的种类在蜥蜴的几科中也独立进化了出来，如玻璃蜥蜴（蛇蜥科）和石龙子（石龙子科），但这通常是为了适应其穴居或半穴居生活方式。事实上，蛇并非起源于这些科，它们应该源自某个蜥蜴家族已灭绝的分支，但它们与某些较高级的蜥蜴科关系非常密切，尤其是巨蜥。

　　蛇栖息在除南极以外的所有大陆，像大多数爬行动物一样，它们在温暖的地方数量众多，尤其是热带，但是在小岛上却不像蜥蜴那么强大。各科蛇的分布状况（有的广泛，有的很有限）是由蛇出现期间最初大陆漂移和重组造

成的，所以一些古老的科分布广泛，特别是在南半球，而那些后来新出现的科则很少有机会越过它们所在的大陆海岸线而到达其他地方。有些种类以前广泛分布，但是由于局部灭绝以及山脉和大河的阻隔而被分割。

那些积极的猎捕蛇类通常会将它们的头挤进缝隙或岩缝中，以及钻进密密的植物丛中惊吓猎物，然后追捕。这些蛇身体细长，头很窄，尾巴长，眼睛较大——它们靠视觉捕猎。这类蛇包括束带蛇、鞭蛇、非洲沙地蛇等。

蛇的体型也是各不相同的，挖掘类蛇的身体几乎是完美的圆柱形，或许其他各种蛇的体型都缘于此。地面爬行的蛇类，例如大蟒蛇，通常身体顶部到底部是扁平的，以提供与地面足够的接触面积，宛如高性能轿车的轮胎。而攀援类蛇通常是侧扁平的，以使它们在跨越开放空间时，能使身体像横梁一样保持硬直。

不论大小和分布状况如何，所有蛇的骨架都是高度变化的，有大量的脊椎骨——有的达500块之多。这些骨疏松地连接着，彼此能转动，能使蛇在各个方向上弯曲。它们也会避免扭动过于频繁而给脊髓造成损伤。它们身体和颈部的每一块脊椎骨都有一对肋骨连接着，这在它们的运动中很重要。尽管它们没有可见的四肢，但有一些种类仍保留了后肢带，甚至有的还有小的残存肢部，这些就是原始种类的蛇的"刺"或爪子，例如巨蟒——在雄性中体现得更明显。绝大多数蛇的颅骨很柔韧，大多数骨在大小和数量上都呈减少的趋势，相互之间只是由关节松散地连接着，这就使蛇的嘴能张得很大，以吞下直径是其头部几倍大小的猎物。盲蛇的颅骨较硬实，它以小的身体柔软的无脊椎动物为食。

蛇的牙齿非常尖利，并向内弯曲。这些牙齿已经进化为用于抓紧和咬住猎物，而不是咀嚼。尽管一些最原始种类只有稀少的牙齿，但大多数种类的蛇都有大量的沿上下颚缘排列的牙齿，并且还有两排额外的牙齿（颚骨牙和翼状牙）长在嘴的内上壁。一些科的成员部分牙齿变为注射毒液之用，有的则变化为处理特定食物的其他形式。

蛇是不会主动对人进攻的，除非你让它感到不安。当人们行走在山路上，"打草惊蛇"在此用得很恰当。你手执一根木棍，有弹性的木棍子最好。边走边往草丛中划划打打，如果草丛有蛇，它就会受惊逃避的。

蛇身体变长是由于它们的一些内部器官变长，以提供相应的空间。因此，有的器官会相应地缩小或重置。大多数蛇（不包括蟒蛇和其他一些原始蛇类）只有单个的功能肺，也就是右肺，它们的左肺已经退化或完全消失了。右肺为了弥补左肺的退化或缺失，所以明显地增大，而且进化出一个额外的结构，即气管肺，气管肺从气管演化而来，同样辅助呼吸。蛇类的胃大且强健，长且肥厚的肠较多，且蛇类的肠与其他动物体内呈盘绕状的形式完全不同。根据被测试的雄蛇来看，蛇的肾脏较长且交错生长。一些体型非常细小的种类的雌蛇，其中一个输卵管已经退化了。

蛇的皮肤被鳞片所覆盖。每一块鳞片都是皮肤的一个粗厚的组成部分，鳞片之间的空隙有一片柔韧的皮肤将它们隔开，使蛇的身体变得非常灵活。背部鳞片是最显眼的部分，这些鳞片呈圆形或凸出的尖形，边缘相互重叠，如同屋顶的瓦片。鳞片可能很光滑，也可能呈粗糙的脊状。一些种类的鳞片呈颗粒状或水珠状，鳞片不相互重叠。背部鳞片的数量、形状、排列和颜色对辨识不同种类的蛇非常有帮助。大多数种类的蛇腹面鳞片较宽，呈单行排列。尾下部的鳞片也呈单行排列或者成对排列。

大多数攀爬种类采用典型的手风琴式运动，包括用身体的后部和尾巴抓住固定点，头部和身体前部向前伸。一旦蛇得到一个新的抓点，身体后部就会停住，再重新开始上述过程。有些食鼠蛇在体侧和身体下部交汇处有脊突，这使它们能抓得更紧——特别是在树皮上时。

栖息在松散的沙地上的蛇需要应付不稳定的表面，它们通过"侧向前行"

的方式来面对这种挑战。使用这种方法移动时，蛇的头部和颈部抬离地面并甩向侧面，然而身体其余部位则不动。一旦头部和颈部落地，身体其余部位和尾巴则相应移动。在其尾巴接触地面的一刹那，其头部和颈部又一次地甩向侧面，从而在沙地上形成了一个连续的环环相扣的移动路线，并且移动角度与水平方向约呈45°角。所有侧行式前进的蛇都是蝰蛇，它们分布广泛，非洲、亚洲中部、北美和南美都有它们的踪迹。

那些栖息在松散的土壤或沙地里的蛇经常像游泳一样在土壤或沙地里穿梭。在它们穿过之后，地基就会倒塌。而那些栖息在更为坚硬的土壤中的蛇则会自己挖出一系列复杂的隧道。栖居在隧道中的蛇通常都有坚固的颅骨和一个扁平的尖头，以及口鼻周围的突起。它们的颈部与躯干并没有明显的界限，它们利用肌肉收缩使其头部穿过土壤，有时也会利用左右移动来压实土壤。那些只寻找掩埋在地下的食物的蛇一般长着上翻的口鼻部，如美洲猪鼻蛇和一些非洲夜蝰蛇。

蛇的行动速度并不是很快。一条体型中等大小的蛇也只能以每小时4~5千米的速度行进，相当于人类一般的步行速度。而那些移动迅速的种类，如非洲树眼镜蛇，速度也只能达到大约每小时11千米。即使是在这样的速度下，蛇也会很快就耗尽了力气，因此，蛇只能快速地爬行一小段距离。

沙漠毒王——眼镜蛇

眼镜蛇是眼镜蛇属或眼镜蛇科中的一些蛇类的总称。眼镜蛇名字的由来应该是近代十七八世纪以后，眼镜出现后附会而成，最后成为了正式名称。因其颈部扩张时，背部会呈现一对美丽的黑白斑，看似眼镜状花纹，故名眼镜蛇。

眼镜蛇的分布范围比较广泛，根据种类的不同分布有所差异。有些种类经常出现在沙漠里，它们主要以沙漠中的小型动物及昆虫为食。

眼镜蛇最明显的特征是其颈部皮褶。该部位可以向外膨起用以威吓对手。眼镜蛇被激怒时，会将身体前段竖起，颈部两侧膨胀，此时背部的眼镜圈纹愈加明显，同时发出"呼呼"声，借以恐吓敌人。事实上，很多蛇都可以或

多或少地膨起颈部，而眼镜蛇只是更为典型而已。眼镜蛇的颜色多样，从黑色或深棕色到浅黄白色均有。与无毒蛇不同，毒蛇的尖牙不能折叠，因而相对较小。多数眼镜蛇体型很大，可达1.2~2.5米长的眼镜蛇毒液为高危性神经毒液。

眼镜蛇的毒牙比较短，位于口腔前部，有一道附于其上沟能分泌毒液。眼镜蛇的毒液通常含神经毒，能破坏被掠食者的神经系统。眼镜蛇主要以小型脊椎动物和其他蛇类为食。

眼镜蛇（尤其是较大型种类）的噬咬可以致命，危害程度取决于注入毒液量的多少，毒液中的神经毒素会影响呼吸，需要立即进行专业处理。尽管抗蛇毒血清是有效的，但也必须在被咬伤后尽快注射。在南亚和东南亚，每年发生数千起相关的死亡案例。

眼镜蛇咬伤的一般医治办法为使用抗蛇毒血清，并可能需要做人工辅助通气（例如气管插管术）直到毒液降解，病人可以自主呼吸。如医治无效病人多于咬伤之后6~12小时死亡，死因多为呼吸麻痹（例如膈肌麻痹）而窒息。

死亡之神——响尾蛇

响尾蛇是脊椎动物，属爬行纲，蝮蛇科，主要分布于南、北美洲。响尾蛇是一种管牙类毒蛇，体长约为1.5~2米。响尾蛇的身体呈黄绿色，背部具有菱形黑褐斑，其尾部末端具有一串角质环。当响尾蛇遇到敌人或急剧活动时，会迅速摆动尾部的尾环。响尾蛇的尾环每秒钟可摆动40~60次，并发出响亮的声音，以恐吓敌人，"响尾蛇"之名即由此而来。

响尾蛇是肉食性动物，其主要食物是鼠类和野兔，有时也会吃蜥蜴以及其他蛇类和小鸟。

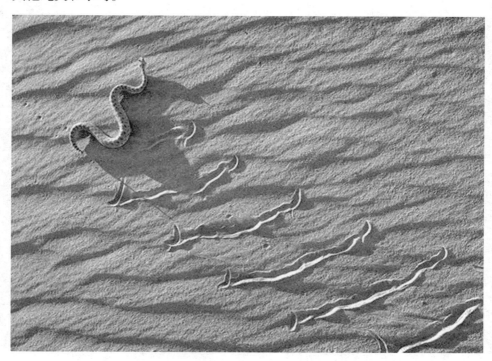

　　响尾蛇的所有种类都是卵胎生，通常一窝生十几条。响尾蛇既不耐热也不耐寒，一般是昼伏夜出，夏季多躲在地洞等隐蔽处，冬季多群集在石头裂缝中休眠。

 小·贴士

　　　　响尾蛇奇毒无比，足以将被咬噬之人置于死地，但死后的响尾蛇也一样危险。美国的研究指出，响尾蛇即使在死后一小时内，仍可以弹起施袭。美国亚利桑那州凤凰城"行善者地区医疗中心"的研究者发现，响尾蛇在咬噬动作方面有一种反射能力，而且不受脑部的影响。

　　响尾蛇的头部拥有特殊器官，即"热眼"，响尾蛇可以利用"热眼"发出的红外线感应附近发热的动物。并且，响尾蛇死后的咬噬能力，也是来自这些红外线感应器官的反射作用。只要响尾蛇的头部的感应器官组织还未腐坏，也就是说在死后一个小时内，响尾蛇的尸体仍可探测到附近15厘米范围内发出热能的生物，并自动做出袭击的反应。根据这一原理，科学家们发明出许多商品，并广泛运用于军事。

　　响尾蛇的"热眼"长在眼睛和鼻孔之间叫颊窝的地方。响尾蛇的颊窝一般深5毫米，其长度与一粒米的长度相当，呈喇叭形，喇叭口斜向朝前，其间被一片薄膜分成内外两个部分。里面的部分有一个细管与外界相通，所以里面的温度和蛇所在的周围环境的温度是一样的。而外面的那部分却是一个热收集器，喇叭口所对的方向如果有热的物体，红外线就经过这里照射到薄膜的外侧一面。显然，这要比薄膜内侧一面的温度高，布满在薄膜上的神经末梢就感觉到了温差，并产生生物电流，传给蛇的大脑。蛇知道了前方什么位置有热的物体，大脑就发出相应的"命令"，去捕获这个物体。

　　响尾蛇的毒性一向是致命的，其毒液进入人体后，会产生一种酶，使人的肌肉迅速腐烂，破坏人的神经纤维，进入脑神经后致使脑死亡。不过，现在随着蛇咬伤治疗方法的不断改进，被响尾蛇咬伤后死亡的概率已经大大降低。毒性最强的响尾蛇是墨西哥西海岸响尾蛇和南美响尾蛇，而在美国，毒性最强的响尾蛇是菱斑响尾蛇。

人类一旦被响尾蛇咬伤，伤口处会马上产生严重的刺痛灼热感，然后会晕厥。不同体质的人晕厥的时间各不相同，短至几分钟，长至几个小时。恢复意识后的伤者会有身体加重的感觉，这时伤者的体温升高，并开始产生幻觉，被咬部位肿胀，呈紫黑色。

狠毒的耐饥动物——蝎子

　　蝎子成体的体长约为5~6厘米，它的整个身体可分为头胸部、前腹部和后腹部。蝎子的头胸部和前腹部合在一起，呈扁平长椭圆形；它的后腹部，也就是尾部由6节组成，形状细长并能灵活地向上及左、右方蜷曲活动，蝎子的尾节末端还有一个钩状的毒刺。蝎子的头胸部背前缘两侧，各有2~5对侧眼，中央有1对中眼。蝎子的头胸部还有6对附肢，第一对附肢是螯肢，较短小，主要用于取食；第二对附肢是脚须，相当强大，又被称为钳肢，主要

用于捕食；除此以外，蝎子还有4对较细长的步足，供行走和抱物之用。

蝎子的身形类似于琵琶，背面呈黑褐色，腹面呈浅黄色。蝎子的口器位于头胸部的腹面前端，稍后是它的生殖孔，生殖孔上覆盖有小甲片组成的生殖厣。蝎子的生殖厣与口器之间的垂直甲缝就是蝎蜕口，蝎子就是从这里蜕皮的。蝎子的前腹部的腹面还生有一对栉板，主要是在交配时作为刺激器官，此外，蝎子还有4对肺书孔，主要是作呼吸用。

蝎子一般在山坡石砾中、落叶下、坡地缝隙、树皮内以及墙缝、土穴、荒地等阴暗处栖息。蝎子胆小易惊，怕强光，是昼伏夜出的动物，多在夜间外出寻食、饮水以及交配。

蝎子属于群居性动物，多在固定的窝穴内结伴定居。蝎子具有极强的耐饥能力，可70~80天不吃不喝却依旧不会死亡。

蝎子每年都会而且只能完成一次蜕皮，到了第三年，经过3次蜕皮，三龄蝎就可以达到性成熟阶段。蝎子是卵胎生动物，雌性蝎子一般会在6~8月间产下初生仔蝎。蝎子每年产仔1次，每次30只左右。蝎子的寿命很长，可达10年以上。

小·贴士

蝎子喜暗怕光，尤其害怕强光的刺激，但它们也需要一定的光照度，以便吸收太阳的热量，提高消化能力，加快生长发育的速度，以及有利于胚胎在孕蝎体内孵化的进程。据报道和观察，蝎子对弱光有正趋势，对强光有负趋势，但它们最喜欢在较弱的绿色光下活动。

蝎子是冷血动物，几乎没有视力，全靠触觉进行活动，所以一旦它感觉周边稍微有些动静，就支楞着尾巴作警惕状。不过，蝎子有个缺点，它的尾刺只能上下垂直活动，不能左右摆动，所以你千万不要被电视电影中的所谓蝎子造型所迷惑，因此，想要捕捉蝎子时，一般可以用大拇指和食指捏住尾

刺，便不会被蜇伤。但是，如果不小心操作不当的话也是很容易被蝎子蜇了
的，蝎子毒素中带有神经毒素、溶血毒素、出血毒素等，功效强劲，因此，
被蝎子蜇了之后一定要及时找医生救治。

　　但是，大凡毒物一般都是药物，《本草衍义》中就提到蝎子可以治疗小儿
惊风，而且只有尾巴稍上那段最好用，其实也就是采用蝎毒来做药品。如果
你偶然遇到了蝎子，而且对之万分恐惧，那么你只要倒点水就能简单的弄死
它，当然要稍微淹没它。因为它的腹部两侧排列着的白色圆孔就是它的气孔，
水深超过一厘米，蝎子就会因为窒息丢了性命。问题在于，蝎子大多时候都
直接在墙面上出现，所以这个时候你最好期望能有只壁虎拔刀相助。壁虎是
对付蝎子的好手，蝎子一碰到壁虎，或者说蝎子感觉到周围有什么不对的动
静，就立住不动，尾刺高耸。壁虎便会游刃有余地绕着蝎子走上几圈，然后
忽然一逼近，用尾巴尖攻击蝎子的背部，蝎子的反击来的很快，一弯钩子就
刺中壁虎尾巴，可是壁虎的尾巴尖一拧就掉。结果壁虎还是绕着蝎子打圈，
过一段时间就挑逗一次，来个两三次，蝎毒用光了，壁虎就一跃而上，咬开
蝎子的肚皮开始进餐。

在民间，一般都认为母蝎子比较狠毒。其中有两个原因：其一，公母蝎子交配时，公蝎子非常辛苦，它的体内只有两根精棒，一辈子只能过两次性生活；可是它还要时刻关注母蝎子的情绪，万一精棒刺入母蝎的体内，对方感到很难受就会吃掉自己，所以要随时准备逃跑。其二，当母蝎子生产时，小蝎子们从它腹部生殖腔爬出，便会自动爬到母蝎子的背上，以躲避天敌，如果有哪个小蝎子体弱不支，无法爬上，母蝎子就会毅然吃掉它，这颇有点斯巴达人检查婴儿的严酷风格。

随着现代医学的发展，国内外对蝎毒进行分离纯化的研究证明，蝎毒中毒蛋白不仅含量高，而且还具有独特的生理活性，临床上主要用于神经系统、脑血管系统，对恶性肿瘤、顽固病毒病和艾滋病等有特殊疗效。在农业生产中，蝎毒主要用于制造绿色农药。我国对蝎毒的研究起步较晚，应用技术研究相对落后，这已经引起了我国科学工作者的高度重视，其应用技术已进入试生产阶段。